普通高校物联网工程专业规划教材

物联网概论

Introduction to Internet of Things

詹国华 主编

陈翔 董文 李阳 副主编

李志华 迟天阳 参编

清华大学出版社

北京

内 容 简 介

本书系统地讲述了物联网背景、概念、体系架构、关键技术、物联网安全以及应用案例,最后通过 RFID 和 ZigBee 两个实验对物联网核心技术进行了直观的演示与分析。全书共 7 章,第 1 章对物联网的背景、关键技术和应用进行了简要概述,并对物联网的发展现状、发展趋势以及未来挑战进行了小结与分析;第 2 章对物联网体系架构进行了简述,并分别对其三个组成层次,即感知层、网络层与应用层进行了叙述;第 3 章分别对物联网核心关键技术进行了详述,包括无线传感器网络、ZigBee 技术、M2M 技术、射频识别技术和云计算技术;第 4 章着重介绍物联网应用案例及分析,包括智能交通、智慧医疗、智能安防、智能家居和智能电网等;第 5 章探讨物联网安全问题,对物联网三个组成层次的安全机制以及物联网安全非技术因素进行了深入分析;第 6 章和第 7 章分别对物联网核心技术 RFID 和 ZigBee 进行了实验设计。本书在编写上力求通俗易懂,既重视基础,又跟踪前沿;既具有教材的系统性和可读性,又有一定的学术深度。

本书可作为理工科类高等院校物联网相关专业的教材,也可作为自动化、电子信息、计算机等专业的教学用书,还可作为物联网相关研究领域的研究人员以及广大对物联网技术感兴趣的工程技术人员的参考书。

图书在版编目 CIP 数据

物联网概论/詹国华主编. —北京:清华大学出版社,2016(2020.8重印)
(普通高校物联网工程专业规划教材)
ISBN 978-7-302-42158-0

Ⅰ. ①物… Ⅱ. ①詹… Ⅲ. ①互联网络—应用—高等学校—教材 ②智能技术—应用—高等学校—教材 Ⅳ. ①TP393.4 ②TP18

中国版本图书馆 CIP 数据核字(2015)第 267388 号

责任编辑:袁勤勇　薛　阳
封面设计:傅瑞学
责任校对:时翠兰
责任印制:丛怀宇

出版发行:清华大学出版社
　　网　　　　址:http://www.tup.com.cn,http://www.wqbook.com
　　地　　　　址:北京清华大学学研大厦 A 座　　　　邮　　编:100084
　　社　　总　　机:010-62770175　　　　　　　　　　邮　　购:010-62786544
　　投稿与读者服务:010-62776969,c-service@tup.tsinghua.edu.cn
　　质　量　反　馈:010-62772015,zhiliang@tup.tsinghua.edu.cn
　　课　件　下　载:http://www.tup.com.cn,010-83470236
印　装　者:三河市君旺印务有限公司
经　　　销:全国新华书店
开　　本:185mm×260mm　　　　印　张:11.75　　　　字　数:294 千字
版　　次:2016 年 1 月第 1 版　　　　　　　　　　印　次:2020 年 8 月第 5 次印刷
定　　价:35.00 元

产品编号:063850-02

前　言

顾名思义,物联网就是物物相连的互联网,被称为继计算机、互联网之后世界信息产业发展的第三次浪潮。经教育部批准,国内许多高校也相继设立了物联网相关专业,这就使得物联网技术不能仅仅停留在概念层面上,更应该走向本专科教学和科研实践。鉴于此,编者在多年从事物联网相关技术研究的基础上,结合自身的教学经验以及和企业的合作研发经验,参考了许多高校物联网专业的教学大纲,精心编撰了本书。

物联网是新一代信息技术的重要组成部分,本书对物联网的概念、体系结构和关键技术进行了较为完整和宏观的探讨,在编写上力求通俗易懂和简单明了,适用于初识物联网的电子信息技术类专业的大学生和工程技术人员。在内容描述上,做到理论先行、技术与应用相结合。在阐述理论和方法时,重点突出概念性和框架性的介绍。本书涉及传感技术、计算机网络、无线通信和信息安全等领域,因此在编撰时还特别注重对基础知识深入浅出的介绍。读者通过对本书的学习和课后习题的解答,将对物联网技术有较为全面的认识和初步的理解。

本书共分7章。第1章对物联网的背景、关键技术、应用进行了简要概述,并对物联网的发展现状、发展趋势以及未来挑战进行了总结与分析;第2章对物联网体系架构进行了简述,并分别对其三个组成层次,即感知层、网络层与应用层进行了叙述;第3章分别对物联网核心关键技术进行了详述,包括无线传感器网络、ZigBee技术、M2M技术、射频识别技术和云计算技术;第4章着重介绍物联网应用案例及分析,包括智能交通、智慧医疗、智能安防、智能家居和智能电网等;第5章探讨物联网安全问题,对物联网三个组成层次的安全机制以及物联网安全非技术因素进行了深入分析;第6章和第7章分别对物联网核心技术RFID和ZigBee进行了实验设计。

本书为浙江省重点建设教材,由杭州师范大学信息科学与工程学院詹国华教授统一策划。在本书的编写过程中,詹国华教授、陈翔副教授、董文副教授、李阳副教授、李志华博士、迟天阳博士以及硕士研究生何宗见、何炎雯、李秋峦、黄锦文等分别参加了部分章节的编写工作,并为书稿的校对付出了大量辛勤的劳动。另外,何积丰院士、张森教授、虞歌副教授、梁锡坤副教授、于庆丰高工、姜华强讲师和石兴民讲师为本书的形成也给予了很大的帮助,在此一并表示诚挚的谢意。

由于编写时间仓促,加上作者水平有限,书中难免有不妥之处,恳请读者批评指正。

编者
2015 年 6 月于杭州

目　录

第 1 章　物联网概述

国际电信联盟 2005 年的一份报告曾描述了"物联网"时代的景象：当司机出现操作失误时汽车会自动报警；公文包会提醒主人忘带了什么东西；衣服会"告诉"洗衣机对水温的要求等。物联网把新一代 IT 技术充分运用在各行各业之中。具体地说，就是把感应器嵌入和装备到电网、铁路、桥梁、隧道、公路、建筑、供水系统、大坝、油气管道等各种物体当中，并与现有的互联网整合起来，实现人类社会与物理世界的融合。在这个整合的网络当中，存在能力超强的中心计算机群，能够对整合网络内的人员、机器、设备和基础设施进行实时的管理和控制。在此基础上，人类可以以一种更加精细和动态的方式管理生产和生活，达到"智慧"状态，提高资源利用率和生产水平，改善人与自然间的关系。

1.1　物联网背景

1.1.1　物联网概念

"物联网"（The Internet of Things，IOT）定义的提出源于 1995 年比尔·盖茨的《未来之路》（The Road Ahead），在该书中比尔·盖茨首次提出物联网概念，但由于受限于无线网络、硬件及传感器的发展，当时并没引起太多关注。1999 年，美国麻省理工学院（Massachusetts Institute of Technology，MIT）成立了自动识别技术中心（Automatic Identification Center，Auto-ID），构想了基于 RFID 的物联网概念，提出了产品电子代码（Electronic Product Code，EPC）概念。通过 EPC 系统不仅能够对货品进行实时跟踪，而且能够通过优化整个供应链，从而推动自动识别技术的快速发展并大幅度提高消费者的生活质量。国际物品编码协会（European Article Number International，EANI）和美国统一代码委员会成立 EPC Global 机构，负责 EPC 网络的全球化标准。2004 年日本总务省提出的 u-Japan 构想中，希望在 2010 年将日本建设成一个 Anytime、Anywhere、Anything、Anyone 都可以上网的环境。同年，韩国政府制定了 u-Korea 战略，韩国信通部发布了《数字时代的人本主义：IT839 战略》以具体呼应 u-Korea。

2005 年 11 月，在突尼斯举行的"信息社会全球峰会"上，联合国组织专门机构成员之一的国际电信联盟（The International Telecommunication Union，ITU）就全球电信网络和服务的相关议题发表了名为 *ITU Internet Reports* 2005：*The Internet of Things* 的报告，报告指出射频识别技术、传感器技术、纳米技术、智能嵌入式技术将得到更加广泛的应用。根据 ITU 的描述，在物联网时代，通过在各种各样的日常用品上嵌入一种短距离的移动收发器，人类在信息与通信世界里将获得一个新的沟通维度，从任何时间任何地点人与人之间的沟通连接扩展到人与物、物与物之间的沟通连接。这一份报告让全世界的领导人被"物联网"的魅力深深折服。

2008 年 11 月，IBM 提出"智慧地球"概念，即"互联网＋物联网＝智慧地球"，以此作为经济振兴战略。如果在基础建设的执行中,植入"智慧"的理念,不仅仅能够在短期内有力地刺激经济、促进就业,而且能够在短时间内打造一个成熟的智慧基础设施平台。

2009年初,美国总统奥巴马就职后,在和工商领袖举行的圆桌会议上也对包括物联网在内的智慧型基础设施给予了积极回应,将"新能源"和"物联网"列为振兴经济的两大武器,使得"物联网"概念又一次走入大家的视线,但是参与报道和谈论的范围有限,还是没能使"物联网"成为热门关键字。

"物联网"在我国迅速升温是在2009年8月7日,温家宝总理在无锡微纳传感网工程技术研发中心视察并发表重要讲话。温总理指出"在传感网发展中,要早一点谋划未来,早一点攻破核心技术";"在国家重大科技专项中,加快推进传感网发展";"尽快建立中国的传感信息中心,或者叫'感知中国'中心"。于是"传感网"、"物联网"一夜之间成为热词。

2009年8月24日,中国移动总裁王建宙在中国台湾公开演讲中阐述了其对"物联网"这一概念的理解。通过装置在各类物体上的 RFID 电子标签、传感器、二维码,经过接口与无线网络相连,从而给物体赋予智能,可以实现人与物体的沟通和对话,也可以实现物体与物体互相间的沟通和对话。这种将物体联接起来的网络被称为"物联网"。王建宙在演讲中解释说,在家电上装传感器,就可以用手机通过网络控制。还有诸如远程抄表、物流运输、移动POS 等应用,而结合云计算,"物联网"将可以有更多元的应用。王建宙又举例说,在羊身上装一个二维条形码,便可以通过手机得知羊从生产到变成羊肉的过程。表1-1列举了物联网概念的演进过程。

表1-1 "物联网"概念的演进

时　　间	物联网议题
1995 年	比尔·盖茨《未来之路》一书中提及物联网概念
1999 年	美国麻省理工学院(MIT)EPC 系统的物联网构想
	美国 Auto-ID 中心提出基于物品编码、RFID 技术和互联网的物联网概念
2005 年	国际电信联盟(ITU)发布了《ITU 互联网报告 2005:物联网》报告,正式提出了物联网概念
2008 年 11 月	IBM 提出"智慧地球"概念,即"互联网＋物联网＝智慧地球",以此作为经济振兴战略
2009 年 1 月	奥巴马总统在和工商领袖举行的圆桌会议上对包括物联网在内的智慧型基础设施给予积极回应,将"新能源"和"物联网"列为振兴经济的两大武器
2009 年	欧盟 *Internet of Things-An action plan for Europe* 的物联网行动方案
	韩国《物联网基础设施构建基本规划》
	日本《i-Japan 战略 2015》
2009 年 8 月	温家宝总理在无锡提出"感知中国"的战略构想
2010 年 6 月	胡锦涛总书记在两院院士大会上的讲话指出加快发展物联网技术

1.1.2 物联网特点

1. 物联网基本特征

由于物联网是通过各种感知设备和互联网连接物体与物体实现全自动、智能化采集、传输与处理信息,达到随时随地进行科学管理目的的一种网络。所以,"网络化"、"物联化"、"互联化"、"自动化"、"感知化"、"智能化"是物联网的基本特征。

(1) 网络化:是物联网的基础。无论是 M2M(机器到机器)、专网,还是无线、有线传输信息,感知物体都必须形成网络状态;不管是什么形态的网络,最终都必须与互联网相联接,这样才能形成真正意义上的物联网。目前所谓的物联网,从网络形态来看,多数是专网、局域网,只能算是物联网的雏形。

(2) 物联化:人与物相联、物-物相联是物联网的基本要求之一。计算机和计算机连接成互联网,可以帮助人与人之间交流。而"物联网"就是在物体上安装传感器、植入微型感应芯片,然后借助无线或有线网络,让人们和物体"对话",让物体和物体之间进行"交流"。可以说,互联网完成了人与人的远程交流,而物联网则完成人与物、物与物的即时交流,进而实现由虚拟网络世界向现实世界的联接转变。

(3) 互联化:物联网是一个多种网络的接入、应用技术的集成,让人与自然界、人与物、物与物进行交流的平台。因此,在一定的协议关系下实行多种网络融合,分布式与协同式并存是物联网的显著特征。与互联网相比,物联网具有很强的开放性,具备随时接纳新器件、提供新服务的能力,即自组织、自适应能力。这既是物联网技术实现的关键,也是其吸引人的魅力所在。

(4) 自动化:物联网具备的"自动化"性能包括通过数字传感设备自动采集数据;根据事先设定的运算逻辑,利用软件自动处理采集到的信息,一般不需人为的干预;按照设定的逻辑条件,如时间、地点、压力、温度、湿度、光照等,可以在系统的各个设备之间自动地进行数据交换或通信;对物体的监控和管理实现自动指令执行。

(5) 感知化:物联网离不开传感设备。射频识别(RFID)装置、红外感应器、全球定位系统、激光扫描器等信息传感设备,就像视觉、听觉和嗅觉器官对于人的重要性一样,它们是物联网不可或缺的关键元器件。有了它们才可以实现近(远)距离、无接触、自动化感应和数据读出、数据发送等。

(6) 智能化:所谓"智能"就是指个体对客观事物进行合理分析、判断及有目的地行动和有效地处理周围环境事宜的综合能力。物联网的产生是微处理技术、传感器技术、计算机网络技术、无线通信技术不断发展融合的结果。从其"自动化"、"感知化"要求来看,它已经能代表人、代替人"对客观事物进行合理分析、判断及有目的地行动和有效地处理周围环境事宜",智能化是其综合能力的表现。

2. 物联网体系架构

根据上述的特征描述,目前业界普遍认为物联网应具备三个层次:第一层是感知层,即以二维码、RFID、传感器为主,实现"物"的识别;第二层是网络层,即通过现有的互联网、广电网、通信网或者下一代互联网,实现数据的传输和计算;第三层是应用层,即输入输出控制终端,包括手机等终端。物联网的体系架构如图 1-1 所示。

(1) 感知层是物联网的基础,利用传感器采集设备信息,利用射频识别技术在一定距离内实现发射和识别。感知层应由感应节点和接入网关组成,在感应节点处有识别器对物体进行检索识别,但在远端用户需要监控感应节点信息时就需要接入网关了,网关把收集到的信息通过传输层进行后台处理,到最后提供给用户使用。

(2) 网络层是对传感器采集的信息进行安全无误的传输,对收集到的信息进行分析处

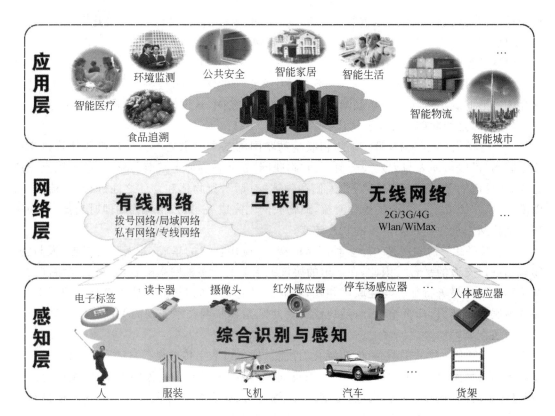

图 1-1　物联网体系架构图

理,并将结果提供给应用层。网络层要具备数据库的存储、可靠地传输数据信息以及网络管理等功能。总之,网络层就是对感知数据的管理和处理技术,包括对传感器采集的数据进行存储、查询、分析、比较、挖掘和智能的处理等技术。把物联网比作一个人的话,网络层可以说是整个物联网的"腰"。网络层是物联网中"物-物"相连的重要组成部分,不仅需要识别数据信息,更能智能化地分析处理多功能平台。

（3）应用层为用户提供丰富的服务功能。用户通过智能终端在应用层上定制需要的服务信息,如查询信息、监控信息、控制信息等。随着物联网的发展,应用层会大大拓展到各行业,给大家带来实实在在的方便。

如表 1-2 所示,物联网三层（感知层、网络层、应用层）体系架构中每一层所涉及的关键技术都是不一样的。其中,感知层主要涉及二维码技术、RFID 技术等对物体感知识别;网络层主要是基于 ZigBee、GPRS、Wi-Fi、蓝牙等技术构建无线传感网;应用层主要涉及通信技术、计算机技术等。

表 1-2　物联网三层体系架构及关键技术

层　　次	技　术　介　绍	层　　次	技　术　介　绍
应用层	通信技术、计算机技术等	感知层	二维码、RFID、电子标签
网络层	传感网/ZigBee/GPRS/Wi-Fi/蓝牙		

1.1.3　物联网与其他网络

物联网是个新生的事物,其最初的定义很简单:把所有物品通过射频识别等信息传感设备与互联网连接起来,实现智能化识别和管理。之后,也有人认为物联网是通过射频识别装置、红外感应器、全球定位系统、激光扫描器等信息传感设备,按约定的协议,把任何物品与互联网相连接,进行信息交换和通信,以实现智能化识别、定位、跟踪、监控和管理的一种网络。

1. 物联网理解

虽然"物联网"定义的提出有 10 余年,但是由于物联网的实现并不仅仅是一个技术方面的问题,还涉及各个国家配套政策和规范的制定和完善、相关部门和产业的协调和合作等方面,因此到目前为止"物联网"尚没有统一的定义。各个领域和行业对物联网往往基于自身利益进行解读,使得物联网缺乏统一的清晰可辨识的定义。

(1)国际标准化组织:物联网是在计算机互联网的基础上,利用 RFID、无线数据通信等技术,构造一个覆盖世界万事万物的 The Internet of Things。在这个网络中,物品(商品)能够彼此进行"交流",而无须人的干预。其实质是利用射频自动识别技术,通过计算机互联网实现物品(商品)的自动识别和信息的互联与共享。

(2)维基百科:物联网就是把传感器装备到电网、铁路、桥梁、隧道、公路、建筑、供水系统、大坝、油气管道以及家用电器等各种真实物体上,通过互联网连接起来,进而运行特定的程序,达到远程控制或者实现物与物的直接通信。

(3)IBM:物联网是在计算机互联网的基础上,利用 RFID、无线数据通信技术构造一个覆盖世界上万事万物的 The Internet of Things。

(4)欧盟委员会信息化和社会媒体司:物联网是一个动态的全球网络基础设施,它具有基于标准和互操作通信协议的自组织能力。其中物理的和虚拟的"物"具有身份识别、物理属性、虚拟的特性和智能的接口,并与信息网络无缝整合。

(5)《物联网时代》:物联网理念指的是将无处不在的末端设备和设施,包括具有"内在智能"的传感器、移动终端、工业系统、楼宇控制系统、家庭智能设施、视频监控系统和"外在使能"的(如贴上 RFID)的各种资产,携带无线终端的个人与车辆以及"智能化物件或动物"或"智能尘埃",通过各种无线和(或)有线的长距离和(或)短距离通信网络实现互联互通、应用大集成以及基于云计算的 SaaS 运营等模式,在内网、专网和(或)互联网环境下,采用适当的信息安全保障机制,提供安全可控乃至个性化的实时在线监测、定位追溯、报警联动、调度指挥、预案管理、远程控制、安全防范、远程维护、在线升级、统计报表、决策支持、领导桌面等管理和服务功能,实现对"万物"的"高效、节能、安全、环保"的"管、控、营"一体化。

(6)姚建铨院士:物联网是利用传感器、传感技术以及利用某种物体相互作用而感知物体的特征,按约定的协议实现任何时刻、任何地点人与人、物与物、人与物之间互联互通,进行信息交换和通信,实现智能化识别、定位、跟踪、监控和管理的一种网络。

(7)刘韵洁院士:物联网就是把传感器、传感器网络等感知技术,通信网、互联网等传输技术,以及智能运算、智能处理技术融为一体的连接物理世界的网络。

(8)潘云鹤院士:物联网就是像生活中升起的"云",自动照看着你的工作和生活,而这"云"里面包含了云计算、云识别等各种模式,也就是通过各种数据组合之后,它可以代替人,或者协助人进行判断和管理。

（9）中国移动总裁王建宙：物联网时代的冰箱、彩电，都可以用手机控制，就连超市里的一块羊肉，用手机扫描就能报上自家出自哪只绵羊的哪个部位，生前吃过哪些草、喝过哪儿的水。

根据国内外机构与专家的物联网定义，简单地归纳总结，从便于理解的角度可以认为：物联网就是"物物相连的智能互联网"。这有三层含义：

（1）物联网的核心和基础仍然是互联网，它是在互联网基础上进行延伸和扩展的网络；

（2）其用户端延伸和扩展到了任何物品，使物品之间得以进行信息交换和通信；

（3）该网络具有智能属性，可进行智能控制、自动监测与自动操作。

更具体一点，一般认为物联网的定义是：通过射频识别、红外感应器、全球定位系统、激光扫描器等信息传感设备，按约定的协议，把任何物品与互联网连接起来，进行信息交换和通信，以实现智能化识别、定位、跟踪、监控和管理的一种网络。这里的"物"要满足以下条件才能够被纳入"物联网"的范围：

（1）要有相应信息的接收器；

（2）要有数据传输通路；

（3）要有一定的存储功能；

（4）要有 CPU；

（5）要有操作系统；

（6）要有专门的应用程序；

（7）要有数据发送器；

（8）遵循物联网的通信协议；

（9）在世界网络中有可被识别的唯一编号。

当前，业界对物联网的理解主要有两个层次：一是技术本身，二是应用层面。

• 技术本身

物联网是指通过智能感应装置，经过传输网络到达指定的信息处理中心，最终实现物与物、人与物之间的自动化信息交互与处理的智能网络。

• 应用层面

物联网是指把世界上所有的物体连接到一起而形成的网络，然后物联网又与现有的互联网结合，实现人类社会与物理系统的结合，采用更加精细和动态的方式管理生产和生活。

如果从整个产业链来看，电信运营商普遍认为：物联网是基于特定的终端，以有线或无线（IP/CDMA）等为接入手段，为集团和家庭客户提供机器到机器、机器到人的解决方案，满足客户对生产过程、家居生活监控、指挥调度、远程数据采集和测量、远程诊断等方面的信息化需求。

从以上业界对物联网的理解可以看出，物联网具有以下三个重要特征。

（1）全面感知：利用 RFID、传感器、二维码等随时随地获取物体的信息。

（2）可靠传递：通过各种电信网络与互联网的融合将物体的信息实时准确地传递出去。

（3）智能处理：利用云计算，模糊识别等各种智能计算技术，对海量的数据和信息进行分析和处理，对物体实施智能化的控制。

2. 物联网与其他网络

有些学者认为,物联网是一种"泛在网络"。这种泛在网络就是利用互联网将世界上的物体都连接在一起,使世界万物都可以上网。为了更好地定义物联网,描述物联网的特征,将物联网与传感网、互联网、泛在网各自的基本特征比较,如表 1-3 所示。

表 1-3　物联网、传感网、互联网、泛在网的特征比较分析表

名　　称	联 接 主 体	信息采集	信息传输	信息处理	网络社会
物联网	人与物、物与物	自动	数字化网络化	智能化	现实
传感网	物与物、人与物	自动	数字化网络化	智能化	现实
互联网	人与人	人工	数字化网络化	交换	虚拟
泛在网	人与人、人与物、物与物	自动、人工	数字化网络化	智能化交换	现实、虚拟

(1) 物联网与互联网

"物联网是完全不同于互联网的一种全新的网络。","物联网是互联网的延伸。",目前众说纷纭,没有统一的说法。物联网在 ITU-T(International Telecommunication Union Telecommunication Standardization Sector,国际电信联盟-电信标准部)中定义为 Internet of Things,从此定义出发很容易理解成物联网是互联网向物体世界的延伸。目前的互联网中就有大量的"物与物"的通信,如果从这一点出发,物联网只要对互联网作适当的延伸就可以了。但事实上,物联网与互联网在技术需求上又有很大不同。物联网很难从目前的互联网延伸而来,尤其是互联网的承载网(端到端)是单一的,它是 IP 网;而物联网的承载网(端到端)无论如何不可能是单一的。

"互联网"最初指的是通过 TCP/IP 将异机种计算机连接起来,实现计算机之间资源共享的网络技术;互联网包括一个分组数据网(IP 网)和用于进程复用的 TCP(或 UDP)协议,互联网还包括基于 IP 数据分组技术和使用 TCP/IP 的全部业务和应用。从此定义出发,不使用 IP 网和 TCP/IP 协议的网络就不能称为"互联网"。

"物联网"是指在物理世界的实体中部署具有一定感知能力、计算能力和执行能力的嵌入式芯片和软件,使之成为"智能物体"。通过网络设施实现信息传输、协同和处理,从而实现物与物、物与人之间的通信。

总之,"物联网"是基于互联网之上的一种高级网络形态。它们之间最明显的不同点是:物联网的联接主体从"人"向"物"的延伸,网络社会形态从"虚拟"向"现实"的拓展,信息采集与处理从"人工"为主向"智能化"为主的转化。可以说物联网是互联网发展创新的伟大成果,是互联网虚拟社会联接现实社会的伟大变革,是实现泛在网目标的伟大实践。

(2) 物联网与传感网

很多人对于物联网认识的误区之一是把"传感网"等同于"物联网"。事实上传感技术仅仅是信息采集技术之一。除了传感技术外,RFID 技术、GPS、视频识别、红外、激光、扫描等所有能够实现自动识别与"物-物"通信的技术都可以成为物联网的信息采集技术。

从广义上说,"物联网"与"传感网"构成要素基本相同,是对同一事物的不同表述。但是,物联网比传感网更贴近"物"的本质属性,强调的是信息技术、设备为"物"提供更高层次的应用服务;而传感网(传感器网)是从技术和设备角度进行的客观描述,设备、技术的元素

比较明显。

从狭义上说,"传感网"特别是传感器网可以看成是"传感模块＋组网模块"共同构成的一个网络,它仅仅强调感知信号,而不注重对物体的标识和指示。"物联网"则强调人感知物、标识物的手段:即除传感器外,还有射频识别装备、二维码、一维码等。

因此,"物联网"应该包括传感网(传感器网),但传感网(传感器网)只是物联网的一部分。从本质上来说,"传感网"不能代替物联网,因为物联网包含了传感网所有属性,且指向上更加明确贴切。

（3）物联网与泛在网

也有人认为物联网就是"物-物"互联的、无所不在的网络,即"泛在网"。所谓"泛在网"就是运用无所不在的智能网络、最先进的计算技术以及其他领先的数字技术基础设施武装而成的技术社会形态,实现在任何时间、任何地点、任何人、任何物都能顺畅地通信。

人与物、物与物之间的通信被认为是泛在网的突出特点,无线、宽带、互联网技术的迅猛发展使得泛在网应用不断深化。多种网络、接入、应用技术的集成,将实现商品生产、传送、交换、消费过程的信息无缝连接。泛在计算系统是一个全功能的数字化、网络化、智能化的自动化系统,系统的设备与设备之间实现全自动的数据、信息处理、全自动的信息交换。

从"泛在网"的内涵来看,最终的泛在网形态上既有互联网的部分,也有物联网的部分,同时还有一部分属于智能系统范畴。"泛在网"包含了物联网、传感网、互联网的所有属性,而物联网则是"泛在网"实现目标之一,是"泛在网"发展过程中的先行者和制高点。

1.2　物联网关键技术

国际电联报告提出物联网有 4 个关键性的应用技术——RFID、传感器、智能技术(如智能家庭和智能汽车)以及纳米技术。

1. RFID 技术

（1）RFID 基本概念

物联网中非常重要的技术是射频识别技术。RFID 是 20 世纪 90 年代开始兴起的一种自动识别技术,是目前比较先进的一种非接触识别技术。RFID(Radio Frequency Identification,射频识别)是一项利用射频信号通过空间耦合(交变磁场或电磁场)实现无接触信息传递,并通过所传递的信息达到识别目的的技术。

射频识别系统通常由电子标签(射频标签)、阅读器和数据管理系统组成。电子标签内存储一定格式的电子数据,常以此作为待识别物品的标识性信息。应用中,电子标签被附着在待识别物品上,作为待识别物品的"身份证"。阅读器与电子标签可按约定的通信协议互传信息,通常的情况是由阅读器向电子标签发送命令,电子标签根据收到的阅读器命令,将内存的标识性数据回传给阅读器,实现物品(商品)的识别,进而通过开放性的计算机网络实现信息交换和共享,实现对物品的"透明"管理。这种通信是在无接触方式下,利用交变磁场或电磁场的空间耦合及射频信号调制与解调技术实现的。

电子标签具有各种各样的形状,但不是任意形状都能满足阅读距离及工作频率的要求。它必须根据系统的工作原理,即磁场耦合(变压器原理)及电磁场耦合(雷达原理)设计合适的天线外形及尺寸。电子标签通常由标签天线(或线圈)及标签芯片组成。标签芯片相当于一个具有无线收发功能和存储功能的单片系统。从纯技术的角度来说,射频识别技术的核心在于电子标签,阅读器是根据电子标签而设计的。然而,在射频识别系统中电子标签的价格远比阅读器低。但通常情况下,应用中涉及的电子标签的数量是很多的,尤其是物流应用中,电子标签有可能是海量并且是一次性使用的,而阅读器的数量则相对要少得多。

电子标签主要由标签芯片和天线组成。根据其内部是否需要加装电池以及能量的来源,可以将电子标签分为无源标签(passive)、半无源标签(semi-passive)和有源标签(active)三种类型。无源标签没有内装电池,当它位于阅读器的阅读范围之外时,标签处于无源状态;当它位于阅读器的阅读范围之内时,标签从阅读器发出的射频能量中提取出其工作所需的电能。半无源标签内装有电池,但电池仅对标签内要求供电维持数据的电路或标签芯片工作所需的电压作辅助支持。有源标签的工作电源完全由内部电池供给,同时标签电池的能量部分地转换为标签与阅读器通信所需的射频能量。

数据管理系统主要完成对数据信息的存储、管理以及对射频标签进行读写控制等。

RFID 分类以及相关特性如表 1-4 所示。根据工作频段可以将电子标签划分为低频(125～134kHz)、高频(13.56MHz)、超高频(868～956MHz)和微波(2.45～5.8GHz)等不同种类。不同频段的电子标签工作原理不同:低频和高频段电子标签一般采用电磁耦合原理,而超高频及微波频段的电子标签一般采用电磁发射原理。

表 1-4　RFID 分类以及相关特性

	低　频	高　频	超 高 频	微　波
频率	125～134kHz	13.56MHz	868～915MHz	2.45～5.8GHz
通信方式	电磁耦合方式(靠磁场变化传送)		电磁发射方式(靠电波传送)	
读取距离	1.2m	1.2m	3～10m	15m(美国)
读取速度	慢	中等	快	很快
方向性	无	无	部分	有
适用范围	全球	全球	部分(欧盟、美国)	部分(非欧盟国家)
潮湿环境	无影响	无影响	影响较大	影响较大
现有标准	11784/85,14223	18000-3.1/14443	EPC C0,C1,C2,G2	18000-4
市场比率	74%	17%	6%	3%
主要用途	动物识别,门禁,固定设备	IC 卡,产品跟踪,货架运输,图书馆	货架、卡车、拖车跟踪	收费站、集装箱

射频识别系统的另一主要性能指标是阅读距离(也称为作用距离)。它表示在最远为多远的距离上,阅读器能够可靠地与电子标签交换信息,即阅读器能读取标签中的数据。实际系统中这一指标相差很大,一般在 0～100m 的范围。这主要取决于标签及阅读器系统的设计、成本的要求、应用的需求等。典型的情况是:在低频 125kHz、高频 13.56MHz 频点上一般采用无源标签,其作用距离在 10～30cm。在超高频 UHF 频段,无源标签的作用距离为3～10m。更高频段的系统一般采用有源标签。有报道称采用有源标签的系统甚至可以达到100m 左右的作用距离。

（2）RFID 发展史

从信息传递的基本原理来说，射频识别技术在低频段基于变压器耦合模型（初级与次级之间的能量传递及信号传递），在高频段基于雷达探测目标的空间耦合模型（雷达发射电磁波信号碰到目标后携带目标信息返回雷达接收机）。1948 年，哈里·斯托克曼发表的《利用反射功率的通信》奠定了射频识别技术的理论基础。

射频识别技术的发展可按十年期划分如下。

1940—1949 年：雷达的改进和应用催生了射频识别技术，1948 年奠定了射频识别技术的理论基础。

1950—1959 年：早期射频识别技术的探索阶段，主要处于实验室研究阶段。

1960—1969 年：射频识别技术的理论得到了发展，开始了一些应用尝试。

1970—1979 年：射频识别技术与产品研发处于一个大发展时期，各种射频识别技术测试得到加速，出现了一些最早的射频识别应用。

1980—1989 年：射频识别技术及产品进入商业应用阶段，各种规模应用开始出现。

1990—1999 年：射频识别技术标准化问题日趋得到重视，射频识别产品得到广泛采用，并逐渐成为人们生活中的一部分。

2000 年后：标准化问题日趋为人们所重视，射频识别产品种类更加丰富，有源电子标签、无源电子标签及半无源电子标签均得到了发展，电子标签成本不断降低，规模应用行业扩大。

至今，射频识别技术的理论得到丰富和完善。单芯片电子标签，多标签识读，无线可读可写，无源电子标签的远距离识别，适应高速移动物体的射频识别技术与产品正在成为现实并走向应用。

（3）RFID 应用发展

随着技术的不断进步，射频识别产品的种类将越来越丰富，应用也将越来越广泛。可以预计，在未来的几年中，射频识别技术将持续保持高速发展的势头。射频识别技术将会在电子标签（射频标签）、阅读器、系统种类等方面取得新进展。

在电子标签方面，电子标签芯片所需的功耗更低，无源标签、半无源标签技术更趋成熟。其作用距离将更远，无线可读写性能也将更加完善，并且能够适应高速移动物品的识别，识别速度也将更快，并具有快速多标签读写功能。与此同时，在强场下的自保护功能也会更加完善，智能性更强，成本更低。在阅读器方面，多功能阅读器，包括与条码识别集成、无线数据传输、脱机工作等功能将被更多应用。同时，多种数据接口包括 RS232、RS422/485、USB、红外、以太网口等也将得到应用。而阅读器将实现多制式、多频段兼容，能够兼容读写多种标签类型和多个频段标签。阅读器会朝着小型化、便携化、嵌入式、模块化方向发展，成本将更加低廉，应用范围更加广泛。在系统方面，低频短距离系统将具有更高的智能和安全特性；高频远距离系统性能将更加完善，成本更低。而 2.45GHz 和 5.8GHz 系统将更加完善。同时，无芯片系统也将逐渐得到应用。

2. 传感器技术

传感技术、计算机技术与通信技术一起被称为信息技术的"三大支柱"。从仿生学观点看，如果把计算机看成处理和识别信息的"大脑"，把通信系统看成传递信息的"神经系统"的话，那么传感器就是"感觉器官"。

传感技术是关于从自然信源获取信息,并对其进行处理(变换)和识别的一门多学科交叉的现代科学与工程技术。它涉及传感器(又称换能器)、信息处理和识别的规划设计、开发、制/建造、测试、应用及评价改进等活动。获取信息靠各类传感器,它们包括各种物理量、化学量或生物量的传感器。信息处理包括信号的预处理、后置处理、特征提取与选择等。识别的主要任务是对经过处理的信息进行辨识与分类。它利用被识别(或诊断)对象与特征信息间的关联关系模型对输入的特征信息集进行辨识、比较、分类和判断。传感器技术包含了众多的高新技术、被众多的产业广泛采用,是现代科学技术发展的基础条件。

微型无线传感技术以及由此组成的无线传感器网络是物联网感知层的重要技术手段。目前无线传感器网络的大部分应用集中在简单、低复杂度的信息获取上,只能获取和处理物理世界的标量信息,然而这些标量信息无法刻画丰富多彩的物理世界,难以实现真正意义上的人与物理世界的沟通。为了克服这一缺陷,既能获取标量信息,又能获取视频、音频和图像等矢量信息的无线多媒体传感器网络应运而生。作为一种全新的信息获取和处理技术,无线多媒体传感器网络更多地关注于信息的采集和处理,利用压缩、识别、融合和重建等多种方法来处理信息,以满足无线多媒体传感器网络多样化应用的需求。

如图 1-2 所示,无线传感器网络(Wireless Senor Network,WSN)通常分为 WSN 节点和组网技术两部分。WSN 节点是组成 WSN 网络的基本单元,它通常是由传感、计算、通信和电源等基本模块组成的,有的节点还有位置测量系统、移动装置或能量产生装置。

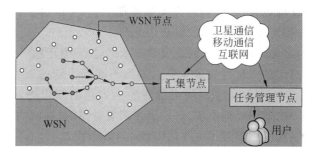

图 1-2　无线传感器网络(WSN)示意图

无线传感器网络(WSN)节点的工作原理如图 1-3 所示。

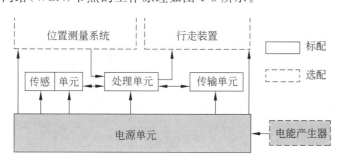

图 1-3　无线传感器网络(WSN)节点原理框图

不同种类的传感器将探测到的相应物理量经过模拟/数字转换后送到处理单元。处理单元负责处理本节点和其他节点传来的数据,而传输单元则按照相应的无线传输协议与其他节点交换数据。位置测量功能通常由多普勒测距系统担负,移动装置则赋予所在节点以移动功能,而能量产生装置通常是由太阳能、热电效应和振动发电等构成的,从而实现长期供电的目的。

尽管都是无线通信网络,但 WSN 与无线局域网还是有很大的区别。WSN 是由部署在监视区域的 WSN 节点通过无线通信的方式自组织成网,没有固定的网络基础设施,也没有中心节点。整个网络不仅有数据的处理和传输,而且还有感知自然界的数据采集功能,甚至还有执行功能。

由于体积、成本和电源供给等条件的限制,WSN 的计算、存储和通信能力较弱。因此,对负责数据处理的微控制器(Micro Computing Unit,MCU)、嵌入式操作系统、无线通信协议等都有特殊的要求。此外,WSN 还必须考虑传感器的失效或者被敌方捕获带来的系统动态稳定性和信息安全等方面的挑战。

3. 智能技术

"人工智能"一词最初是在 1956 年 Dartmouth 学会上提出的。从那以后,研究者们发展了众多理论和原理,人工智能的概念也随之扩展。人工智能是一门极富挑战性的科学,从事这项工作的人必须懂得计算机知识、心理学和哲学。人工智能是内容十分广泛的科学,它由不同的领域组成,如机器学习、计算机视觉等。总的来说,人工智能研究的一个主要目标是使机器能够胜任一些通常需要人类智能才能完成的复杂工作。但不同的时代、不同的人对这种"复杂工作"的理解是不同的。例如,繁重的科学和工程计算本来是要人脑来承担的,现在计算机不但能完成这种计算,而且能够比人脑算得更快、更准确。因此,当代人已不再把这种计算当作"需要人类智能才能完成的复杂任务"。

可见,复杂工作的定义是随着时代的发展和技术的进步而变化的,人工智能这门科学的具体目标自然也随着时代的变化而发展。它一方面不断获得新的发展,一方面又转向更有意义、更加困难的目标。人工智能学科研究的主要内容包括知识表示、自动推理和搜索方法、机器学习和知识获取、知识处理系统、自然语言理解、计算机视觉、智能机器人、自动程序设计等方面。物联网时代的智能技术主要内容如表 1-5 所示。

表 1-5　不同应用领域的物联网智能技术

应 用 领 域	具体的智能技术
生产物流技术	ERP 技术、自动控制技术、专家系统技术
大范围社会物流技术	数据挖掘技术、智能调度技术、优化运筹调度技术
以仓储为核心的智能技术	自动控制技术、智能机器人技术、智能信息管理系统技术、移动计算技术、数据挖掘技术
物流方面的智能技术	智能计算技术、云计算技术、数据挖掘技术、专家系统技术等智能技术

4. 纳米技术

纳米技术(Nanotechnology)是用单个原子、分子制造物质的科学技术。纳米科学技术是以许多现代化先进科学技术为基础的科学技术。它是现代科学(混沌物理、量子力学、介观物理、分子生物学)和现代技术(计算机技术、微电子和扫描隧道显微镜技术、核分析技术)结合的产物。纳米科学技术又将引发一系列新的科学技术,例如纳米电子学、纳米材料学、纳米机械学等。

纳米科学与技术(有时简称为纳米技术)主要研究结构尺寸在 0.1~100 纳米范围内的

材料的性质和应用。1981 年扫描隧道显微镜发明后,诞生了一门以 0.1～100 纳米分子为研究对象的科学技术,它的最终目标是一种用单个原子、分子制造物质的技术。

纳米技术是一门交叉性很强的综合学科,研究的内容涉及现代科技的广阔领域。纳米科学与技术主要包括纳米体系物理、纳米化学、纳米材料学、纳米生物学、纳米电子学、纳米加工学、纳米力学 7 个相对独立又相互渗透的学科,以及纳米材料、纳米尺度的检测与表征这三个研究领域。纳米材料的制备和研究是整个纳米科技的基础。其中,纳米物理学和纳米化学是纳米技术的理论基础,而纳米电子学是纳米技术最重要的内容。

1.3　物联网应用

1. 智能交通

智能交通系统包括公交行业无线视频监控平台、智能公交站台、电子门票、车管专家和公交手机一卡通 5 种业务。

公交行业无线视频监控平台利用车载设备的无线视频监控和 GPS 定位功能,对公交运行状况进行实时监控。智能公交站台通过媒体发布中心与电子站牌的数据交互,实现公交调度信息数据的发布和多媒体数据的发布功能,还可以利用电子站牌实现广告发布功能。电子门票是二维码应用于手机凭证业务的典型应用。从技术实现的角度上看,手机凭证业务就是"手机＋凭证",以手机为平台,以手机背后的移动网络为媒介,通过特定的技术实现凭证功能。车管专家利用全球卫星定位技术(Global Positioning System,GPS)、无线通信技术(Code-Division Multiple Access,CDMA)、地理信息系统技术(Geographic Information System,GIS)、3G(3rd Generation)等高新技术将车辆的位置与速度、车内外的图像、视频等各类媒体信息及其他车辆参数等进行实时管理,有效满足用户对车辆管理的各类需求。公交手机一卡通将手机终端作为城市公交一卡通的介质,除完成公交刷卡功能外,还可以实现小额支付等功能。

2. 智能电网

智能电网是以双向数字科技创建的输电网络,用来传送电力。它可以侦测电力供应者的电力供应状况和一般家庭用户的电力使用状况,从而调整家电用品的耗电量,以此达到节约能源、降低损耗、增强电网可靠性的目的。在传统电网的基础上,智能电网的传输拓扑网络更加优化以满足更大范围的各种用电状况,如在用电量低的时段给电池充电,然后在高峰时反过来给电网提供电能。智能电网包括超导传输线以减少电能的传输损耗,还具有集成新能源(如风能,太阳能等)的能力。当电能便宜时,消费者可以开启某些家用电器,如洗碗机,工厂可以启动在任何时间段都可以进行的生产过程。在电能需求的高峰期,它可以关闭一些非必要的用电器来降低需求。

3. 智能家居

智能家居产品融合自动化控制系统、计算机网络系统和网络通信技术于一体,将各种家庭设备(如音视频设备、照明系统、窗帘控制、空调控制、安防系统、数字影院系统、网络家电等)通过智能家庭网络实现自动化。用户通过中国电信的宽带、固定电话和 3G 无线网络,可以实现对家庭设备的远程操控。与普通家居相比,智能家居不仅能提供舒适宜人且高品位的家庭生活空间,实现更智能的家庭安防系统,还将家居环境由原来的被动静止结构转变为具有能动智慧的工具,提供全方位的信息交互功能。智能家居的结构示意图如图1-4所示。

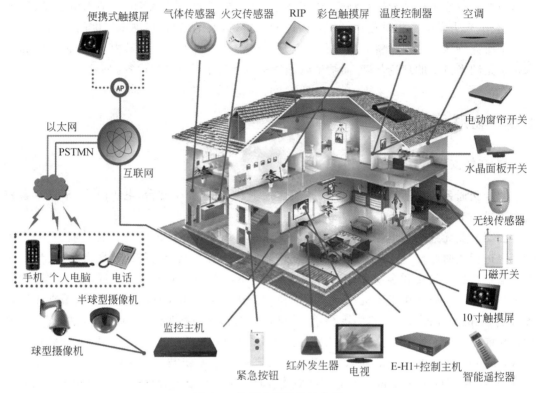

图1-4　智能家居结构示意图

4. 智能物流

智能物流打造了集信息展现、电子商务、物流配载、仓储管理、金融质押、园区安保、海关保税等功能为一体的物流园区综合信息服务平台。信息服务平台以功能集成、效能综合为主要开发理念,以电子商务、网上交易为主要交易形式建设的高标准、高品位的综合信息服务平台,并为金融质押、园区安保、海关保税等功能预留了接口,可以为园区客户及管理人员提供一站式综合信息服务。

5. 智慧医疗

如图1-5所示,智慧医疗系统借助简易实用的家庭医疗传感设备,对家中病人或老人的生理指标进行检测,并将生成的生理指标数据通过固定网络或3G无线网络传送给护理人或有关医疗单位。根据客户的需求,信息服务商还提供相关增值业务,如紧急呼叫救助服务、专家咨询服务、终生健康档案管理服务等。智能医疗系统真正解决了现代社会的子女们因工作忙碌无暇照顾家中老人的问题,可以随时表达孝子情怀。

6. 智能安防

智能化安防技术的主要内涵是其相关内容和服务的信息化、图像的传输和存储、数据的

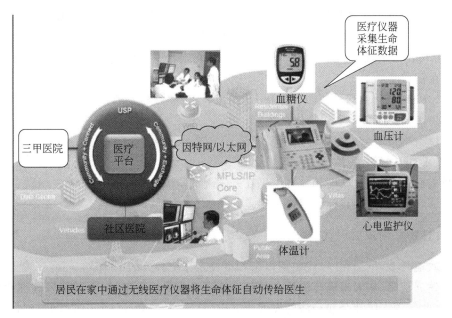

图 1-5　智慧医疗结构示意图

存储和处理等。一个完整的智能安防系统主要包括门禁、报警和监控三大部分。智能安防具备防盗报警系统、视频监控报警系统、出入口控制报警系统、保安人员巡更报警系统、GPS车辆报警管理系统和 110 报警联网传输系统等子系统。各子系统可单独设置、独立运行,也可由中央控制室集中进行监控,还可与其他综合系统进行集成和集中监控。

1.4　物联网发展现状

1.4.1　国外物联网发展现状

1. 欧美国家物联网发展现状

2009 年 1 月,IBM 公司提出了"智慧地球"的构想,物联网成为其中不可或缺的一部分。2009 年初,美国总统奥巴马就职后,对"智慧地球"构想做出了积极回应并将其提升为国家层级的发展战略,将"新能源"和"物联网"列为振兴经济的两大武器,从而引起全球的广泛关注。

2009 年 6 月,欧盟委员会向欧盟议会、理事会、欧洲经济和社会委员会及地区委员会递交了《欧盟物联网行动计划(Internet of things-An action plan for Europe)》,以确保欧洲在构建物联网的过程中起主导作用。行动计划共包括 14 项内容,主要有管理、隐私及数据保护、"芯片沉默"的权利、潜在危险、关键资源、标准化、研究、公私合作、创新、管理机制、国际对话、环境问题、统计数据和进展监督一系列工作。

2009 年 10 月,欧盟委员会以政策文件的形式对外发布了物联网战略,提出要让欧洲在基于互联网的智能基础设施发展上领先全球。除了通过 ICT 研发计划投资 4 亿欧元启动90 多个研发项目提高网络智能化水平外,欧盟委员会还将于 2011—2013 年每年新增 2 亿欧元进一步加强研发力度,同时拿出 3 亿欧元专款支持物联网相关公私合作短期项目建设。

欧洲智能系统集成技术平台 EPoSS(the European Technology Platform on Smart Systems Integration)在 *Internet of Things in 2020* 报告中分析并预测未来的物联网的发展将经历 4 个阶段:

(1) 2010 年之前:RFID 被广泛应用于物流、零售和制药领域;

(2) 2010—2015 年:实现物体互联;

(3) 2015—2020 年:物体进入半智能化;

(4) 2020 年之后:物体进入全智能化。

就目前而言,许多物联网相关技术仍在开发测试阶段,距离"不同系统之间融合、物与物之间的普遍连接"的远期目标还存在一定差距。

2. 日韩物联网发展现状

日本政府自 20 世纪 90 年代中期以来相继制定了 e-Japan、u-Japan、i-Japan 等多项国家信息技术发展战略,从大规模开展信息基础设施建设入手稳步推进、不断拓展和深化信息技术应用,以此带动本国社会和经济的发展。其中,日本的 u-Japan、i-Japan 战略与"物联网"概念有许多共通之处。2008 年,日本总务省提出 u-Japan x ICT 政策。x 代表不同领域"乘以"ICT:一共涉及三个领域——产业 x ICT、地区 x ICT、生活(人)x ICT。将 u-Japan 政策的重心从之前的关注居民生活品质提升拓展到带动产业及地区发展,即通过各行业、地区与 ICT 的深化融合,进而实现经济增长的目的。

2009 年 7 月,日本 IT 战略本部颁布了日本新一代的信息化战略"i-Japan 战略",为了让数字信息技术融入每一个角落,首先将政策目标聚焦在三大公共事业,即电子化政府治理、医疗健康信息服务、教育与人才培育。到 2015 年,透过数位技术达到"新的行政改革",使行政流程简化、效率化、标准化、透明化,同时推动电子病历、远程医疗、远程教育等应用的发展。

继日本提出 u-Japan 战略后,韩国政府自 1997 年起出台了一系列推动国家信息化建设的产业政策,包括 RFID 先导计划、RFID 前面推动计划、USN(Ubiquitous Sensor Network,无所不在的传感网络)领域测试计划等。为实现建设"U 化社会"的愿景,韩国政府持续推动各项相关基础建设核心产业技术发展,RFID/USN 就是其中之一。韩国在 2006 年确立了 u-Korea 战略。u-Korea 旨在建立无所不在的社会(Ubiquitous Society),布建智能型网络,如 IPv6、BcN(Broadband Communication Network,宽频通信网路)、USN,建设先进的信息基础,如 DMB(Digital Multimedia Broadcasting,数字多媒体广播)、Telematics(车载通信系统)、RFID,让民众可以随时随地享有科技智慧服务。2009 年 10 月,韩国通信委员会出台了《物联网基础设施构建基本规划》,将物联网市场确定为新增长动力。该规划指出,到 2012 年实现"通过构建世界最先进的物联网基础实施,打造未来广播通信融合领域超一流信息通信技术强国"的目标,确定了构建物联网基础设施、发展物联网服务、研发物联网技术、营造物联网扩散环境 4 大领域 12 项详细课题。

1.4.2 国内物联网发展现状

我国物联网的启动和发展与其他国家相比并不落后。早在 1999 年,中科院就开始了无线智能传感器网络的研究,在传感领域尚处于世界前列。在芯片、通信协议、网络管理、协同处理、智能计算等领域开展了技术攻关,并已取得了初步的成果。目前,物联网相关技术在国内交通、物流、灾情监测、环保、医疗等领域已经开展应用,在智能电网、智能安防等方面的应用也开始实施。因此,我国和国际上的其他国家相比具有同发优势,与德国、美国、英国等一起,成为国际标准制定的主导国之一。

在我国,物联网已被广泛应用于公共安全、民航、交通、物流、环境监测、电力等行业。例如目前国家电网已经采用双向传输的电力线标准,第一批智能电表的招标工作也在近期结束。而就智能水表和智能暖气表来说,可通过 GPRS、CDMA 等无线通信标准进行无线抄表,甚至可以采用 ZigBee、蓝牙等标准进行人工无线抄表。同时,智能家居、智能医疗等面向个人用户的应用已初步展开。另一方面,由于区域分布不均衡,以及物联网关键技术攻关与应用示范系统建设尚处于初级阶段,像城市智能灾害防控、智能医护等应用才刚刚起步,无论在技术还是规模上均有很大的发展空间。

1. 国内物联网发展优势

第一,我国早在 1999 年就启动了物联网核心技术——传感网技术研究,研发水平处于世界前列,成为目前能够实现物联网完整产业链的国家之一;在物联网基础设施方面,我国无线通信网络和宽带覆盖率高,为物联网的发展提供了坚实的基础设施支持;在世界传感网领域,我国是标准主导国之一,专利拥有量高;在经济实力上,我国已经成为世界第二大经济体,有较为雄厚的经济实力支持物联网发展。

第二,《国家中长期科学与技术发展规划(2006—2020 年)》和“新一代宽带移动无线通信网”重大专项中均将传感网列入重点研究领域。目前我国的技术研发水平已处于世界前列,中科院早在 1999 年就启动了传感网研究,先后投入数亿元,目前中国与德国、美国、英国、韩国等国一起,成为国际标准制定的主要国家之一。

第三,中国已经攻克了物联网的核心技术。2009 年 10 月 24 日,在中国第四届中国民营科技企业博览会上,西安优势微电子公司宣布:中国的第一颗物联网的中国芯——“唐芯一号”芯片研制成功,唐芯一号芯片是一颗 2.4GHz 超低功耗射频可编程片上系统 PSoC,可以满足各种条件下无线传感网、无线个域网、有源 RFID 等物联网应用的特殊需要,为我国的物联网产业的发展奠定了基础。

第四,中国在“物联网”领域享有国际话语权。目前,我国的无线通信网络已经覆盖了城乡,从繁华的城市到偏僻的农村,从海岛到珠穆朗玛峰,到处都有无线网络的覆盖。无线网络是实现“物联网”必不可少的基础设施,安置在动物、植物、机器和物品上的电子介质产生的数字信号可随时随地通过无处不在的无线网络传送出去。“云计算”技术的运用,使数以亿计的各类物品的实时动态管理变得可能。

在“物联网”这个全新产业中,我国的技术研发水平处于世界前列,具有重大的影响力,与其他国家相比具有同发优势。目前中国在无线智能传感器网络通信技术、微型传感器、传感器终端机、移动基站等方面取得重大进展,已拥有从材料、技术、器件、系统到网络的完整产业链。

2. 国内物联网发展问题

第一,高端技术缺乏,影响参与国际标准制定的竞争力。

物联网中非常重要的技术是射频识别技术(RFID),标准、成本和技术一直是业界公认的阻碍 RFID 发展的三大问题。目前在国内提供 RFID 服务的大部分都是国外厂商的代理集成商。这些公司都坚持自己的标准,结果导致各系统间不能互联互通,让 RFID 使用起来很不方便。在物联网核心部分——传感网芯片的研发上,国内 RFID 仍以低端为主,高端产品多为国外厂商垄断,80%以上的高灵敏度、高可靠性传感器仍需进口,高端技术缺乏无疑将对国际标准制定竞争产生影响。

第二,信息安全难以保障。

射频识别是物联网中很重要的关键技术,由此将引发一些信息安全方面的问题。射频识别标签的基本功能是要保证任意一个标签的标识(ID)或识别码都能在远程被任意地扫描,且标签自动地、不加区别地回应阅读器的指令并将其所存储的信息传输给阅读器。这一特性可用来追踪和定位某个特定用户或物品,从而获得相关的信息。可一旦别有用心的人中途截获这些个人信息,就难保隐私不外泄或难以防止他人利用这些信息非法牟利。

物联网通过实时的数据交换提高办事效率和透明度,但同时也将个人偏好数据,甚至是反映内心深处需要的数据暴露无遗。对个体而言,不知道掌握这些数据的人会拿这些数据做什么,根本无法确保这些数据不被泄露,也无法确保这些数据不被用于对自己不利的地方,从此将难逃来自制造商、零售商、营销者等的强制监视。当然,政府和执法部门也能将该技术用于监视公民行为。

在物联网时代,基本的日常管理将由人工智能处理,为了牟取利益而从事物联网病毒的人将会更加疯狂。而一旦受到病毒的侵扰,就将可能导致工厂停产、社会秩序混乱,甚至直接威胁人类的生命安全。

因此,未雨绸缪对物联网产业的未来发展还是非常必要的。应在物联网未大规模推广使用之前,就从技术、制度以及法律等方面进一步加以完善,并加强对物联网使用的监管。

第三,污染及能耗严重。

目前,在互联网世界中,大量无谓的信息处理在消耗看似取之不尽的计算能力,在消耗大量电能的同时,也排放了大量的二氧化碳。美国咨询研究机构 Forrester 预测:到 2020 年,全球"物物互联"的业务与现有的"人人互联"之比将达到 30:1。物联网被看作下一个万亿级的通信业务。根据预测,到 2035 年前后,中国的传感网终端将达到数千亿个;到 2050 年,传感器将在生活中无处不在。一旦物体能够大量地"说话",将比现有的互联网"制造"更多的信息,需要进行巨量的数据计算和处理,因此会产生巨大的能耗和污染。因此,在未来的物联网中需要及时规划好、控制好信息的采集和流向。同时也要对这些数据进行区分和筛选,弄清楚究竟哪些数据是有益的,哪些是没用的或者哪些是非常关键的。

第四,缺乏统一规划。

现在处处都在大力发展物联网产业,带来大量重复性工作,浪费人力物力。这就急需国家相关政府部门做出发展规划和统一协调相关领域的标准化,并研究可持续发展的发展模式。

总体看来,我国物联网研究没有盲目跟从国外,而是面向国家重大战略和应用需求,开展物联网基础标准体系、关键技术、应用开发、系统集成和测试评估技术等方面的研究,形成了"以应用为牵引"的特色发展路线。在技术、标准、产业及应用与服务等方面的研究,形成了"以应用为牵引"的特色发展路线。

1.5　物联网发展趋势及未来挑战

1.5.1　物联网发展趋势

1. 国际物联网发展趋势

南京航空航天大学国家电工电子示范中心主任赵国安指出："物联网前景非常广阔,它将极大地改变我们目前的生活方式。"物联网把人类生活拟人化了,万物成了人的同类。在这个物物相联的世界中,物品(商品)能够彼此进行"交流",而无须人的干预。物联网利用射频自动识别(RFID)技术,通过计算机互联网实现物品(商品)的自动识别和信息的互联与共享。可以说,物联网描绘的是充满智能化的世界。在物联网的世界里,物物相连、天罗地网。

有研究机构预计 10 年内物联网就可能大规模普及,这一技术将会发展成为一个上万亿元规模的高科技市场,其产业要比互联网大 30 倍。

EPoSS 在 *Internet of Things in* 2020 报告中分析预测,未来物联网的发展将经历 4 个阶段,2010 年之前 RFID 被广泛应用于物流、零售和制药领域,2010—2015 年物体互联,2015—2020 年物体进入半智能化,2020 年之后物体进入全智能化。

物联网需要信息高速公路的建立,移动互联网的高速发展以及固话宽带的普及是物联网海量信息传输交互的基础。依靠网络技术,物联网将生产要素和供应链进行深度重组,成为信息化带动工业化的现实载体。据业内人士估计,中国物联网产业链 2009 年就创造了 1000 亿元左右的产值,它已经成为后 3G 时代最大的市场兴奋点。

有业内专家认为,物联网一方面可以提高经济效益,大大节约成本;另一方面可以为全球经济的复苏提供技术动力。目前,加拿大、英国、德国、芬兰、意大利、日本、韩国等都在投入巨资深入研究探索物联网。同时,有专家认为,物联网架构建立需要明确产业链的利益关系,建立新的商业模式,而在新的产业链推动矩阵中,核心则是明确电信运营商的龙头地位。

作为物联网的积极推动者的欧盟则梦想建立"未来物联网"。欧盟信息社会和媒体司2009 年 5 月 20 日公布的《未来互联网 2020:一个业界专家组的愿景》报告指出,欧洲正面临经济衰退、全球竞争、气候变化、人口老龄化等诸多方面的挑战,未来互联网不会是万能灵药,但我们坚信,未来互联网将会是这些方面以及其他方面解决方案的一部分甚至是主要部分。

谈及的未来互联网的 4 个特征包括:未来互联网基础设施将需要不同的架构,依靠物联网的新 Web 服务经济将会融合数字和物理世界从而带来产生价值的新途径,未来互联网将会包括物品,技术空间和监管空间将会分离。涉及物联网的就有两项。作者认为,当务之急是摆脱现有技术的束缚,用户驱动创新带来社会变化,鼓励新的商业模式。

伦敦技术咨询机构 Analysis Mason 公司的 Steve Hilton 在 2011 年对物联网的发展进行了预测,以下是他的预测内容。

在能源行业,到 2011 年年底已有 2200 万用户被接入住宅多用途计量表中,今后十年中,这一数字将会以每年 50% 的速度增长。作为智能电网发展的一部分,智能电表将会通过无线、有线或电力线连接近于实时地报告电力消费情况,以便对电网进行更高效的管理。

在运输行业,全球有大约 3080 万部设备相互连接,这些设备主要用于追踪卡车的位置,并且每年以 27% 的速度增长。在安全与监视领域,将有 2060 万部设备相互连接,这一数量包括民用与工业设备,年增长率为 37%。

在医疗领域,到年底将有 150 万部设备相互连接,增长率为 20%～25%。这些设备通常被佩戴在病人身上以长期监控其身体健康情况,如建议心脏病病人何时吃药的设备。

在运输行业,消费性汽车市场上很快就会出现追踪与维护监控设备的服务。他说:"所有的主要汽车制造商都在关注这一动向,他们正在确定解决方案。"

随着物联网技术应用与产业发展的逐步深入,中国的物联网发展既具备了一些国际物联网发展的共性特征,也呈现出一些鲜明的中国特色和阶段特点。

2. 国内物联网发展趋势

未来中国物联网将在以下几个方面有所进步。

(1) 多层面的政策投入成为推动现阶段中国物联网产业发展的最强动力。

"智慧城市"建设是中国城市化推进到一定水平的必然产物,对目前刚刚起步的物联网产业发展意义重大。国家倡导发展物联网产业,借以实现经济转型和工业化与信息化的融合,各地政府纷纷响应,高度重视物联网产业。中国已有 28 个省市将物联网作为新兴产业发展重点之一,不少一二线城市在建设或筹建物联网产业园。可以预见,接下来几年物联网是国家及地方各级政府推进信息化工作的重点,政策支持力度继续加大。

(2) 物联网将会出现一系列的标准竞争。

近年来,一些地方先后宣布建设智慧城市的标准,各有各的标准,物联网涵盖范围极广,在制定标准时,各个参与方对标准的制定都有自己的想法,试图让参与方自己的想法能够主导上层标准的制定,并占取主动地位。接下来将会出现一系列的标准。

(3) 物联网产业链逐步形成,物联网应用领域逐渐明朗。

经过业界的共同努力,国内物联网产业链和产业体系逐渐形成,产业规模快速增长。安防、交通和医疗三大领域,有望在物联网发展中率先受益,成为物联网产业市场容量大、增长最为显著的领域。根据"十二五"规划,接下来我国物联网产业将在智能工业、智能农业、智能物流、智能交通、智能电网、智能环保、智能安防、智能家居等重点领域积极开展应用示范。

(4) 物联产业向西部扩展。

目前我国物流网产业集群已初步形成环渤海、长三角、珠三角以及中西部地区 4 大区域集聚发展的总体产业空间格局。2011 年下半年开始,国内西部的陕西、兰州、四川、重庆也开始将物联网产业作为优先发展领域。今后更多的西部城市开始加入物联网之中。

(5) 民众的应用进一步扩大。

当前我国物联网产业的主要客户仍是政府及事业单位,还没有演变成市场普遍消费模式。随着地方政府、中国物联网(RFID、传感网、智能通信)产业各大联盟和国内外企业、机构的鼎力支持,关于民众的应用示范将会逐步扩大。

综合来看,一方面,我国物联网产业链仍不够顺畅,物联网应用需求层次偏低,商业模式不清晰,整个产业链的资源共享明显不足;另一方面,多层面的政策投入仍是推动我国物联网发展的最强动力,短期来看,这种支持仍需要继续加强。

1.5.2　物联网未来挑战

物联网发展潜力无限,但物联网的实现并不仅仅是技术方面的问题,建设物联网过程中将涉及许多规划、管理、协调、合作等方面的问题,还涉及标准和安全保护等方面的问题,这就需要一系列相应的配套政策和规范的制定和完善。

1. 国家安全问题

中国大型企业、政府机构如果与国外机构进行项目合作,如何确保企业商业机密、国家机密不被泄漏。这不仅是一个技术问题,还涉及国家安全问题,必须引起高度重视。

2. 隐私问题

在物联网中,射频识别技术是一个很重要的技术。在射频识别系统中,标签有可能预先被嵌入到任何物品中,例如人们的日常生活物品中。但由于该物品(例如衣物)的拥有者,不一定能够觉察该物品预先已嵌入有电子标签以及自身可能不受控制地被扫描、定位和追踪,这势必会使个人的隐私受到侵犯。因此,如何确保标签物的拥有者的个人隐私不受侵犯便成为射频识别技术以至物联网推广的关键问题。而且,这不仅仅是一个技术问题,还涉及政治和法律问题。这个问题必须引起高度重视,并从技术上和法律上予以解决。造成侵犯个人隐私问题的关键在于射频识别标签的基本功能:任意一个标签的标识(ID)或识别码都能在远程被任意地扫描,且标签自动、不加区别地回应阅读器的指令并将其所存储的信息传输给阅读器。这一特性可用来追踪和定位某个特定用户或物品,从而获得相关的隐私信息。这就带来了如何确保嵌入有标签的物品的持有者个人隐私不受侵犯的问题。

3. 物联网的政策和法规

物联网不是一个小产品,也不只是一个小企业可以做出来的。它不仅需要技术,它更需要牵涉各个行业、各个产业,需要多种力量的整合。这就需要国家的产业政策和立法走在前面,要制定出适合这个行业发展的政策和法规以保证行业的正常发展。对于复杂的物联网,必须要有政府的政策支持,且政府必须要由专人和专门的机构来研究和协调,这样物联网才能有真正意义的发展。

4. 技术标准的统一与协调

互联网发展到今天,有一件事要解决得非常好,那就是标准化问题。全球进行传输的协议 TCP/IP 协议、路由器协议、终端的构架与操作系统,这些都解决得非常好。因此,可以在全世界任何一个角落,使用任一台计算机连接到互联网中去,可以很方便地上网。物联网发展过程中,传感、传输、应用各个层面会有大量的技术出现,可能会采用不同的技术方案。如果各行其是,大量的独立的专用网相互无法连通,不能进行联网,不能形成规模经济,不能形成整合的商业模式,也不能降低研发成本,那结果是灾难性的。因此,尽快统一技术标准形成一个管理机制,这是物联网马上就要面对的问题。一开始时,如果这个问题解决得好那以后就很容易;如果一开始解决不好,积重难返,那么以后问题就很难解决。

这个问题和问题 1 又是相关联的,如果政府没有专门的部门来管理和协调,没有相应的政策和法规,何来标准的统一与协调。

5. 管理平台问题

物联网的价值在什么地方? 在于网,而不在于物。传感是容易的,但是感知的信息,如果没有一个庞大的网络体系就不能进行管理和整合,那这个网络就没有意义。因此,建立一个全国性的、庞大的、综合的业务管理平台,收集各种传感信息并进行分门别类的管理,进行有指向性的传输,这就是一个大问题。一个小企业甚至都可以开发出传感技术,开发出传感应用。但是一个小企业没有办法建立起一个全国性高效率的网络。没有这个平台,各自为政的结果一定是效率低、成本高,很难发展起来,也很难起到效果。

这个平台,电信运营商最有力量与可能来建设,也可能在这个过程中,会有新的管理平台建设与提供者出现。笔者也相信,这个平台的建设者会在未来的物联网发展中,取得较好的市场地位,甚至是最大的受益者。

6. 物联网安全问题

物联网目前的传感技术是有可能被任何人感知的。它对于产品的主人而言,有了这样的一个体系就可以方便地进行管理。但是,它也存在着一个巨大的问题,其他人也能进行感知,例如产品的竞争对手。那么如何做到在感知、传输、应用过程中,这些有价值的信息可以为我所用,却不被别人所用,尤其不被竞争对手所用,这就需要在安全上下工夫,形成一套强大的安全体系。现在应该说,会有哪些安全问题出现、如何应对这些安全问题、怎么进行屏蔽都是一些非常复杂的问题,甚至是不清晰的。但是这些问题必须引起注意,尤其是这个管理平台的提供者。安全问题解决不好,有一天可能有价值的物联网会成为给竞争对手提供信息方便的平台,那么它的价值就会大打折扣,也不会有企业愿意和敢于去使用。

7. 应用的开发问题

物联网的价值不是一个可传感的网络,而是必须各个行业参与进来进行应用。不同行业会有不同的应用,也会有各自不同的要求,这些必须根据行业的特点进行深入的研究和有价值的开发。这些应用开发不能依靠运营商,也不能仅仅依靠所谓物联网企业。因为运营商和技术企业都无法理解行业的要求和这个行业具体的特点。很大程度上,这是非常难的一步,也需要时间来等待。需要一个物联网的体系基本形成,需要一些应用形成示范,更多的传统行业感受到物联网的价值,这样才能有更多企业看清楚物联网的意义,看清楚物联网有可能带来的商业价值,也会把自己的应用与业务和物联网结合起来。

8. 地址问题

每个物品都需要在物联网中被寻址,这就需要一个地址。物联网需要更多的 IP 地址,IPv4 资源即将耗尽,那就需要 IPv6 来支撑。IPv4 向 IPv6 过渡是一个漫长的过程,因此物联网一旦使用 IPv6 地址,就必然会存在与 IPv4 的兼容性问题。

9．协议问题

物联网是互联网的延伸，物联网核心层面是基于 TCP/IP 的，但在接入层面，协议类别五花八门，有 GPRS、短信、传感器、TD-SCDMA、有线等多种通道，物联网需要一个统一的协议基础。

10．终端问题

物联网终端除具有本身功能外还拥有传感器和网络接入等功能，且不同行业需求各异，如何满足终端产品的多样化需求，对运营商来说是一大挑战。

思考题

1．简述物联网的概念。

2．简述物联网的体系框架。

3．物联网和互联网有哪些异同？

4．物联网的关键技术有哪些？

5．举出一个物联网技术的常规应用，并简述。

6．简述国内外物联网的发展现状。

7．国内物联网发展趋势有哪几点？

8．物联网的发展面临哪些挑战？

第 2 章　物联网体系架构

物联网是一个层次化的网络。通俗地讲,物联网就是万物都接入到互联网,物体通过装入射频识别设备、红外感应器、GPS 或其他方式进行连接,然后通过移动通信网络或其他方式接入到互联网,最终形成智能网络,通过计算机或手机实现对物体的智能化管理和信息采集分析。

物联网应该具备三个特征,一是全面感知,即利用 RFID、传感器、二维码等随时随地获取物体的信息;二是可靠传递,通过各种电信网络与互联网的融合,将物体的信息实时准确地传递出去;三是智能处理,利用云计算、模糊识别等各种智能计算技术,对海量数据和信息进行分析和处理,对物体实施智能化的控制。

本章也将从感知层、网络层、应用层三个层次对物联网体系架构进行介绍。

2.1　物联网体系架构概述

要深入研究物联网的体系架构,必须首先了解物联网有哪些需求和哪些应用。本节在分析物联网应用需求的基础上,列举了物联网的典型应用场景,最后引出了通用的物联网体系架构,使读者能够对物联网体系架构有一个形象而宏观的认识。

2.1.1　物联网需求和应用

1. 物联网需求

"物联网"概念的问世,打破了之前的传统思维。过去的思路一直是将物理基础设施和 IT 基础设施分开:一方面是机场、公路、建筑物;而另一方面是数据中心、个人计算机、宽带等。而在"物联网"时代,钢筋混凝土、电缆将与芯片、宽带整合为统一的基础设施,在此意义上,基础设施更像是一块新的地球工地,世界的运转就在它上面进行,其中包括经济管理、生产运行、社会管理乃至个人生活。物联网的本质就是物理世界和数字世界的融合。

物联网是为了打破地域限制,实现物物之间按需进行的信息获取、传递、存储、融合、使用等服务的网络。因此,物联网应该具备如下三个能力。

(1) 全面感知:利用 RFID、传感器、二维码等随时随地获取物体的信息,包括用户周边环境、个体喜好、身体状况、情绪、环境温度、湿度,以及用户业务感受、网络状态等。

(2) 可靠传递:通过各种网络融合、业务融合、终端融合、运营管理融合,将物体的信息实时准确地传递出去。

(3) 智能处理:利用云计算、模糊识别等各种智能计算技术,对海量数据和信息进行分析和处理,对物体进行实时智能化控制。

物联网并不是一个全新的网络,它是在现有的电信网、互联网、未来融合各种业务的下一代网络以及一些行业专用网的基础上,通过添加一些新的网络能力实现所需的服务。人们可以在知道网络存在的情况下,随时随地通过适合的终端设备接入物联网并享受服务。物联网应具有以下特性:可扩展性,要求网络的性能不受网络规模的影响;透明性,要求物联网应用不依赖于特定的底层物理网络;一致性,要求可以跨越不同网络的互操作特性;可伸缩性,要求不会因为物联网功能实体的失效导致应用性能急剧劣化,应至少可获得传统网络的性能。

2. 物联网应用场景分析

物联网是近年来的热点,人人都在提物联网,但物联网到底是什么,究竟能做什么?本节将对几种与普通用户关系紧密的物联网应用进行介绍。

应用场景一:当你早上拿车钥匙出门上班,在计算机旁待命的感应器检测到之后就会通过互联网络自动发起一系列事件,例如通过短信或者喇叭自动播报今天的天气,在计算机上显示快捷通畅的开车路径并估算路上所花时间,同时通过短信或者即时聊天工具告知你的同事你将马上到达等。

应用场景二:联网冰箱也将是最常见的物联网物品之一。想象一下,联网冰箱可以监视冰箱里的食物,在我们去超市的时候,家里的冰箱会告诉我们缺少些什么,也会告诉我们食物什么时候过期。它还可以跟踪常用的美食网站,为你收集食谱并在你的购物单里添加配料。这种冰箱知道你喜欢吃什么东西,依据的是你给每顿饭做出的评分。它可以照顾你的身体,因为它知道什么食物对你有好处。

应用场景三:用户开通了家庭安防业务,可以通过 PC 或手机等终端远程查看家里的各种环境参数、安全状态和视频监控图像。当网络接入速度较快时,用户可以看到一个以三维立体图像显示的家庭实景图,并且采用警示灯等方式显示危险;用户还可以通过鼠标拖动从不同的视角查看具体情况;在网络接入速度较慢时,用户可以通过一个文本和简单的图示观察家庭安全状态和危险信号。

图 2-1 形象地表示了物联网在我们日常生活中的应用。图中只是物联网应用的很小一部分,实际的物联网应用更加丰富多彩,并且还有待于人们不断地开发实现。

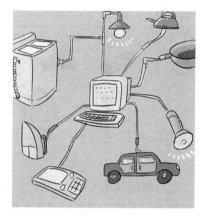

图 2-1　物联网在日常生活中的应用

目前已经有不少物联网范畴的应用,譬如已经投入试点运营的高速公路不停车收费系统(ETC),基于 RFID 的手机钱包付费应用等。等到各类感知节点遍布中国之后,即使坐在家中,你也能感知黄果树瀑布流速和水量的大小;通过物联网,能了解到你中意的楼盘的噪声情况、甲醛是否超标等,生活方式会有很多意想不到的改变。不仅是大家的日常生活,物联网的应用遍及智能交通、公共安全等多个领域,必将拥有巨大市场。后面章节将详细描述物联网的具体应用。

2.1.2 物联网体系架构

物联网的价值在于让物体也拥有了"智慧",从而实现人与物、物与物之间的沟通,物联网的特征在于感知、互联和智能的叠加。因此,物联网由三个部分组成:感知部分,即以二维码、RFID、传感器为主,实现对"物"的识别;传输网络,即通过现有的互联网、广电网络、通信网络等实现数据的传输;智能处理,即利用云计算、数据挖掘、中间件等技术实现对物品的自动控制与智能管理等。

目前在业界物联网体系架构也大致被公认为有这三个层次,底层是用来感知数据的感知层,第二层是数据传输的网络层,最上层则是应用层,如图 2-2 所示。

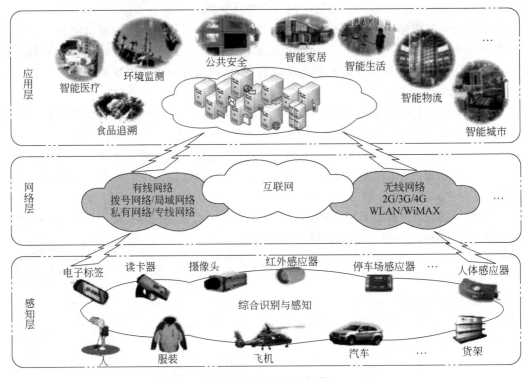

图 2-2 物联网体系架构

在物联网体系架构中,三层的关系可以这样理解:感知层相当于人体的皮肤和五官;网络层相当于人体的神经中枢和大脑;应用层相当于人的社会分工,具体描述如下。

感知层是物联网的皮肤和五官,用于识别物体和采集信息。感知层包括二维码标签和识读器、RFID 标签和读写器、摄像头、GPS 等,主要作用是识别物体、采集信息,与人体结构中皮肤和五官的作用相似。

网络层是物联网的神经中枢和大脑,用于信息传递和处理。网络层包括通信与互联网的融合网络、网络管理中心和信息处理中心等。网络层将感知层获取的信息进行传递和处理,类似于人体结构中的神经中枢和大脑。

应用层是物联网的"社会分工",用于与行业需求结合、实现广泛智能化。应用层是物联网与行业专业技术的深度融合,与行业需求结合,实现行业智能化,这类似于人的社会分工,最终构成人类社会。

在各层之间,信息不是单向传递的,也有交互、控制等,所传递的信息多种多样,这其中关键是物品的信息,包括在特定应用系统范围内能唯一标识物品的识别码和物品的静态与动态信息。下面对这三层的功能和关键技术进行分别介绍。

2.2　感知层

物联网要实现物与物的通信,其中"物"的感知是非常重要的。感知是物联网的感觉器官,用来识别物体、采集信息。"物"能够在空间和时间上存在和移动,可以被辨识,一般可以通过实现分配的数字、名字或地址对"物"加以编码,然后加以辨识。在物联网中,"物"既包括电器设备和基础设施,如家电、计算机、建筑物等,也包括可以感知的因素,如温度、湿度和光线等。

感知层利用最多的是 RFID、传感器、摄像头、GPS 等技术,感知层的目标是利用上述诸多技术形成对客观世界的全面感知。在感知层中,物联网的终端是多样性的,现实世界中越来越多的物理实体要实现智能感知,这就涉及众多的技术层面。在与物联网络终端相关的多种技术中,核心是要解决智能化、低功耗、低成本和小型化的问题。

2.2.1　感知层功能

物联网在传统网络的基础上,从原有网络用户终端向"下"延伸和扩展,扩大通信的对象范围,即通信不仅仅局限于人与人之间的通信,还扩展到人与现实世界的各种物体之间的通信。

这里的"物"并不是自然物品,而是要满足一定的条件才能够被纳入物联网的范围,例如有相应的信息接收器和发送器、数据传输通路、数据处理芯片、操作系统、存储空间等,遵循物联网的通信协议,在物联网中有可被识别的标识。可以看出现实世界的物品未必能满足这些要求,这就需要特定的物联网设备的帮助才能满足以上条件,并加入物联网。物联网设备具体来说就是嵌入式系统、传感器、RFID 等,将在后续章节中详细介绍。

物联网感知层解决的就是人类世界和物理世界的数据获取问题,包括各类物理量、标识、音频、视频数据。感知层处于三层架构的最底层,是物联网发展和应用的基础,具有物联网全面感知的核心能力。作为物联网的最基本一层,感知层具有十分重要的作用。

感知层一般包括数据采集和数据短距离传输两部分,即首先通过传感器、摄像头等设备采集外部物理世界的数据,通过蓝牙、红外、ZigBee、工业现场总线等短距离有线或无线传输技术进行协同工作或者传递数据到网关设备。也可以只有数据的短距离传输这一部分,特别是在仅传递物品的识别码的情况下。实际上,感知层这两个部分有时难以明确区分开。

1. 数据采集

首先,数据采集与物品的标识符相关。为了有效地收集数据,感知层需要给物联网中的每一个"物"都分配唯一的标识符,这样"物"的身份可以通过标识符来加以确定和辨识,解决信息归属于哪一个"物"的问题。

其次,数据采集技术主要有自动识别技术和传感技术。自动识别技术用于自动识别物体,其应用一定的识别装置,通过被识别物品和识别装置之间的接近活动,自动获取被识别物体的相关信息。传感器技术用于感知物体,其通过在物体上植入各种微型感知芯片使其智能化,这样任何物体都可以变得"有感觉"。

2. 数据短距离传输

数据短距离传输是指收集终端装置采集的信息,并负责将信息在终端装置和网关之间双向传送。这里需要强调的是,数据短距离传输和数据获取这两个过程有时是同时发生的,感知层很难明确区分这两个过程。

数据短距离传输与自组织网络、近距离无线通信技术、红外和工业现场总线等相关。例如,传感器属于自组织网络,蓝牙和 ZigBee 属于短距离无线通信技术。

2.2.2 感知层相关技术

感知层所需要的关键技术包括检测技术、中低速无线或有线短距离传输技术等。具体来说,感知层综合了传感器技术、嵌入式计算技术、智能组网技术、无线通信技术、分布式信息处理技术等,能够通过各类集成化的微型传感器的协作实时监测、感知和采集各种环境或监测对象的信息。通过嵌入式系统对信息进行处理,并通过随机自组织无线通信网络以多跳中继方式将所感知信息传送到接入层的基站节点和接入网关,最终到达用户终端,从而真正实现"无处不在"的物联网的理念。

本节将对感知层涉及的主要技术,即传感器技术、物品标识技术(RFID 和二维码)以及短距离无线传输技术(ZigBee 和蓝牙)进行概述,本书第 3 章和第 4 章将对这些技术做详细介绍。

1. 传感器技术

人是通过视觉、嗅觉、听觉及触觉等感觉来感知外界信息的,感知的信息输入大脑进行分析判断和处理,大脑再根据结果指挥人做出相应的动作,这是人类认识世界和改造世界具有的最基本的能力。但是通过人的五官感知外界的信息非常有限,例如,人无法利用触觉来感知超过几十度甚至上千度的温度,而且也不可能辨别温度的微小变化,这就需要电子设备的帮助。同样,利用电子仪器特别像计算机控制的自动化装置来代替人的劳动时,计算机类似于人的大脑,而仅有大脑而没有感知外界信息的"五官"显然是不够的,计算机还需要它们的"五官"——传感器。

传感器是一种检测装置,能感受到被测的信息,并能将检测到的信息,按一定规律变换成为电信号或其他所需形式的信息输出,以满足信息的传输、处理、存储、显示、记录和控制等要求。它是实现自动检测和自动控制的首要环节。在物联网系统中,对各种参量进行信息采集和简单加工处理的设备,被称为物联网传感器。传感器可以独立存在,也可以与其他设备以一体方式呈现,但无论哪种方式,它都是物联网中的感知和输入部分。在未来的物联网中,传感器及其组成的传感器网络将在数据采集前端发挥重要的作用。

传感器的分类方法多种多样,比较常用的有按传感器的物理量、工作原理、输出信号的性质三种方式来分类。此外,按照是否具有信息处理功能来分类的意义越来越重要,特别是在未来的物联网时代。按照这种分类方式,传感器可分为一般传感器和智能传感器。一般传感器采集的信息需要计算机进行处理;智能传感器带有微处理器,本身具有采集、处理、交换信息的能力,具备数据精度高、高可靠性与高稳定性、高信噪比与高分辨力、强自适应性、高性能价格比等特点。

传感器是摄取信息的关键器件,它是物联网中不可缺少的信息采集手段,也是采用微电子技术改造传统产业的重要方法,对提高经济效益、科学研究与生产技术的水平有着举足轻重的作用。传感器技术水平高低不但直接影响信息技术水平,而且还影响信息技术的发展与应用。目前,传感器技术已渗透到科学和国民经济的各个领域,在工农业生产、科学研究及改善人民生活等方面,起着越来越重要的作用。

2. RFID 技术

RFID(Radio Frequency Identification,射频识别)是 20 世纪 90 年代开始兴起的一种自动识别技术,它利用射频信号通过空间电磁耦合实现无接触信息传递并通过所传递的信息实现物体识别。RFID 既可以看作是一种设备标识技术,也可以归类为短距离传输技术,在本书中更倾向于前者。

RFID 是一种能够让物品“开口说话”的技术,也是物联网感知层的一个关键技术。在对物联网的构想中,RFID 标签中存储着规范而具有互用性的信息,通过有线或无线的方式把它们自动采集到中央信息系统,实现物品(商品)的识别,进而通过开放式的计算机网络实现信息交换和共享,实现对物品的“透明”管理。

RFID 系统主要由三部分组成,即电子标签、阅读器和数据管理系统。其中,电子标签芯片具有数据存储区,用于存储待识别物品的标识信息;阅读器是将约定格式的待识别物品的标识信息写入电子标签的存储区中(写入功能),或在阅读器的阅读范围内以无接触的方式将电子标签内保存的信息读取出来(读出功能);数据管理系统主要完成数据信息的存储、管理以及对射频标签进行读写控制。

RFID 技术的工作原理是电子标签进入阅读器产生的磁场后,阅读器发出的射频信号,凭借感应电流所获得的能量发送出存储在芯片中的产品信息(无源标签或被动标签),或者主动发送某一频率的信号(有源标签或主动标签);阅读器读取信息并解码后,送至数据管理系统进行有关数据处理。

由于 RFID 具有无须接触、自动化程度高、耐用可靠、识别速度快、适应各种工作环境、可实现高速和多标签同时识别等优势,因此可用于广泛的领域,如物流和供应链管理、门禁安防系统、道路自动收费、航空行李处理、文档追踪/图书馆管理、电子支付、生产制造和装配、物品监视、汽车监控、动物身份标识等。以简单 RFID 系统为基础,结合已有的网络技术、数据库技术、中间件技术等,构筑一个由大量联网的阅读器和无数移动的标签组成的,比 Internet 更为庞大的物联网成为 RFID 技术发展的趋势。在第 3 章中将具体介绍 RFID 技术。

3. 二维码技术

二维码(2-dimensional Bar Code)技术是物联网感知层实现过程中最基本和关键的技术之一。二维码也叫二维条码或二维条形码,是用某种特定的几何形体按一定规律在平面上分布(黑白相间)的图形来记录信息的应用技术。从技术原理来看,二维码在代码编制上巧妙地利用构成计算机内部逻辑基础的 0 和 1 比特流的概念,使用若干与二进制相对应的几何形体来表示数值信息,并通过图像输入设备或光电扫描设备自动识读以实现信息的自动处理。

与一维条形码相比二维码有着明显的优势,归纳起来主要有以下几个方面:数据容量更大,二维码能够在横向和纵向两个方位同时表达信息,因此,能在很小的面积内表达大量的信息;超越了字母数字的限制;条形码相对尺寸小;具有抗损毁能力。此外,二维码还可以引入保密措施,其保密性较一维码要强很多。

二维码可分为堆叠式/行排式二维码和矩阵式二维码。其中,堆叠式/行排式二维码形态上是由多行短截的一维码堆叠而成的;矩阵式二维码以矩阵的形式组成,在矩阵相应元素位置上用"点"表示二进制 1,用"空"表示二进制 0,并由"点"和"空"的排列组成代码。

二维码具有条码技术的一些共性:每种码制有其特定的字符集;每个字符占有一定的宽度;具有一定的校验功能等。二维码的特点归纳如下。

(1) 高密度编码,信息容量大:可容纳多达 1850 个大写字母或 2710 个数字或 1108 个字节或 500 多个汉字,比普通条码信息容量约高几十倍。

(2) 编码范围广:二维码可以把图片、声音、文字、签字、指纹等可以数字化的信息进行编码,并用条码表示。

(3) 容错能力强,具有纠错功能:二维码因穿孔、污损等引起局部损坏时,甚至损坏面积达 50% 时,仍可以正确得到识读。

(4) 译码可靠性高:比普通条码译码的错误率百万分之二要低得多,误码率不超过千万分之一。

(5) 可引入加密措施:保密性、防伪性好。

(6) 成本低,易制作,持久耐用。

(7) 条码符号形状、尺寸大小比例可变。

(8) 二维码可以使用激光或 CCD 摄像设备识读,十分方便。

与 RFID 相比,二维码最大的优势在于成本较低,一条二维码的成本仅为几分钱,而 RFID 标签因其芯片成本较高、制造工艺复杂,价格较高。

4. ZigBee

ZigBee 是一种短距离、低功耗的无线传输技术,是一种介于无线标记技术和蓝牙之间的技术,它是 IEEE 802.15.4 协议的代名词。ZigBee 的名字来源于蜂群使用的赖以生存和发展的通信方式,即蜜蜂靠飞翔和"嗡嗡"(Zig)地抖动翅膀与同伴传递新发现的食物源的位置、距离和方向等信息,也就是说蜜蜂依靠这样的方式构成了群体中的通信网络。

ZigBee 采用分组交换和跳频技术,并且可使用三个频段,分别是 2.4GHz 的公共通用频段、欧洲的 868MHz 频段和美国的 915MHz 频段。ZigBee 主要应用在短距离范围并且数据传输速率不高的各种电子设备之间。与蓝牙相比,ZigBee 更简单、速率更慢、功率及费用也更低。同时,由于 ZigBee 技术的低速率和通信范围较小的特点,也决定了 ZigBee 技术只适合于承载数据流量较小的业务。

ZigBee 技术主要包括以下特点。

(1) 数据传输速率低。只有 $10\sim250$kb/s,专注于低速率传输应用。

(2) 低功耗。ZigBee 设备只有激活和睡眠两种状态,而且 ZigBee 网络中通信循环次数非常少,工作周期很短,所以一般来说两节普通 5 号干电池可以使用 6 个月以上。

(3) 成本低。因为 ZigBee 数据传输速率低、协议简单,所以降低了成本。

(4) 网络容量大。ZigBee 支持星形、簇形和网状网络结构,每个 ZigBee 网络最多可支持 255 个设备,也就是说每个 ZigBee 设备可以与另外 254 台设备相连接。

(5) 有效范围小。有效传输距离为 10～75m,具体依据实际发射功率的大小和各种不同的应用模式而定,基本上能够覆盖普通的家庭或办公室环境。

(6) 工作频段灵活。使用的频段分别为 2.4GHz、868MHz(欧洲)及 915MHz(美国),均为免执照频段。

(7) 可靠性高。采用了碰撞避免机制,同时为需要固定带宽的通信业务预留了专用时隙,避免了发送数据时的竞争和冲突;节点模块之间具有自动动态组网的功能,信息在整个 ZigBee 网络中通过自动路由的方式进行传输,从而保证了信息传输的可靠性。

(8) 时延短。ZigBee 针对时延敏感的应用做了优化,通信时延和从休眠状态激活的时延都非常短。

(9) 安全性高。ZigBee 提供了数据完整性检查和鉴定功能,采用 AES-128 加密算法,同时根据具体应用可以灵活确定其安全属性。

由于 ZigBee 技术具有成本低、组网灵活等特点,可以嵌入各种设备,在物联网中发挥重要作用。其目标市场主要有 PC 外设(鼠标、键盘、游戏操控杆)、消费类电子设备(电视机、CD、VCD、DVD 等设备上的遥控装置)、家庭内智能控制(照明、煤气计量控制及报警等)、玩具(电子宠物)、医护(监视器和传感器)、工控(监视器、传感器和自动控制设备)等非常广阔的领域。

5. 蓝牙

蓝牙(Bluetooth)是一种无线数据与话音通信的开放性全球规范,和 ZigBee 一样,也是一种短距离的无线传输技术。其实质内容是为固定设备或移动设备之间的通信环境建立通用的短距离无线接口,将通信技术与计算机技术进一步结合起来,是各种设备在无电线或电缆相互连接的情况下,能在短距离范围内实现相互通信或操作的一种技术。

蓝牙采用高速跳频(Frequency Hopping)和时分多址(Time Division Multiple Access,TDMA)等先进技术,支持点对点及点对多点通信。其传输频段为全球公共通用的 2.4GHz 频段,能提供 1Mb/s 的传输速率和 10m 的传输距离,并采用时分双工传输方案实现全双工传输。

蓝牙除具有和 ZigBee 一样,可以全球范围适用、功耗低、成本低、抗干扰能力强等特点外,还有许多它自己的特点。

(1) 同时可传输话音和数据。蓝牙采用电路交换和分组交换技术,支持异步数据信道、三路话音信道以及异步数据与同步话音同时传输的信道。

(2) 可以建立临时性的对等连接(Ad Hoc Connection)。

(3) 开放的接口标准。为了推广蓝牙技术的使用,蓝牙技术联盟(Bluetooth SIG)将蓝牙的技术标准全部公开,全世界范围内的任何单位和个人都可以进行蓝牙产品的开发,只要最终通过 Bluetooth SIG 的蓝牙产品兼容性测试,就可以推向市场。

蓝牙作为一种电缆替代技术,主要有以下三类应用:话音/数据接入、外围设备互连和个人局域网(PAN)。物联网的感知层主要用于数据接入,蓝牙技术有效地简化了移动通信终端设备之间的通信,也能够成功地简化了设备与因特网之间的通信,从而数据传输变得更加迅速高效,为无线通信拓宽了道路。ZigBee 和蓝牙是物联网感知层典型的短距离传输技术。

2.3　网络层

物联网是网络的一种形式,物联网的主要价值在于"网",而不在于"物"。感知只是物联网的第一步,如果没有一个庞大的网络体系,感知的信息就不能得到管理和整合,物联网也就失去了意义。网络层是物联网的神经系统,物联网要实现物与物、人与物之间的全面通信,就必须在终端和网络之间开展协同,建立一个端到端的全局网络。

2.3.1　网络层功能

物联网网络层是在现有网络的基础上建立起来的,它与目前主流的移动通信网、国际互联网、企业内部网、各类专网等网络一样,主要承担着数据传输的功能,特别是当三网融合后,有线电视网也能承担数据传输的功能。

在物联网中,要求网络层能够把感知层感知到的数据无障碍、高可靠性、高安全性地进行传送,它解决的是感知层所获得的数据在一定范围内,尤其是远距离的传输问题。同时,物联网网络层将承担比现有网络更大的数据量,面临更高的服务质量要求,所以现有网络尚不能满足物联网的需求,这就意味着物联网需要对现有网络进行融合和扩展,利用新技术以实现更加广泛和高效的互联功能。

由于广域通信网络在早期物联网发展中的缺位,早期的物联网应用往往在部署范围、应用领域等诸多方面有所局限,终端之间以及终端与后台软件之间都难以开展协同。随着物联网发展,建立端到端的全局网络将成为必须。

物联网的网络层包括接入网和核心网。接入网是指骨干网络到用户终端和自己的所有设备,其长度可以为几百米到几公里。接入网的介入方式包括铜线接入、光纤接入、光纤同轴电缆混合接入、无线接入、以太网接入等多种方式。核心网通常包括除接入网和用户驻地网之外的网络部分。核心网是基于 IP 的统一、高性能、可扩展的分组网络,支持移动性以及异构接入。

2.3.2　网络层相关技术

由于物联网网络层是建立在 Internet 和移动通信网等现有网络基础上的,除具有目前已经比较成熟的如远距离有线、无线通信技术和网络技术外,为实现"物物相连"的需求,物联网网络层将综合使用 IPv6、2G/3G、Wi-Fi 等通信技术,实现有线与无线的结合、宽带与窄带的结合、感知网与通信网的结合。同时,网络层中的感知数据管理与处理技术是实现以数据为中心的物联网的核心技术。感知数据管理与处理技术包括物联网数据的存储、查询、分析、挖掘、理解以及基于感知数据决策和行为的技术。

1. 接入网技术

传统的接入网主要以铜缆的形式为用户提供一般的语音业务和数据业务,随着网络的不断发展,出现了一系列新的接入网技术,包括无线接入技术、光纤接入技术、同轴接入技术、电力网接入技术等,这里主要介绍一下无线接入技术。

(1) 无线接入技术

无线接入技术采用微波、卫星、无线蜂窝等无线传输技术,能够实现多个分散用户的业务接入。无线接入技术通过无线介质将终端与网络节点连接起来,以实现用户与网络之间的信息传递,其有建设速度快、设备安装灵活、成本低、使用方便等特点。考虑到终端连接的方便性、信息基础设施的可用性(不是所有地方都有固定接入能力)、监控目标的移动性,在物联网中无线接入技术已经成为最重要的接入手段。

物联网要求物体的信息可靠传送。"可靠传送"就是利用网络的"神经末梢",将物体的信息接入互联网,它将带来互联网的扩展,网络将无处不在。在技术方面,建设"无处不在的网络",不仅要依靠有线网络的发展,更要积极发展无线网络。目前,最常用的无线接入有3G、Wi-Fi 等,它们是组成"网络无处不在"的重要技术。

① 3G

第三代(3rd-generation,3G)移动通信技术是指支持高速数据传输的蜂窝移动通信技术。相对第一代(1G)模拟移动通信和第二代(2G)GSM、CDMA 等数字移动通信,第三代(3G)移动通信的代表特征是提供高速数据业务。第三代 3G 移动通信将无线通信与互联网结合起来,使网络的移动化成为现实,是物联网将物体信息接入互联网的重要平台。

我国正在实施的车联网,就是 3G 在物联网中的具体应用。汽车移动物联网(车联网)是我国最大的物联网应用模式之一,预计 2020 年可控车辆规模将达 2 亿,2020 年以后我国的汽车将实现"全面的互联互通"状态。车联网是指装载在车辆上的电子标签通过无线射频等技术,实现在信息网络平台上对所有车辆的属性信息和静、动态信息进行提取和有效利用,并根据不同的需求对所有车辆进行有效的监管,从而提高汽车交通综合服务的质量。车联网需要汽车与网络的连接,要求有一张全国性的网络,覆盖所有汽车能够到达的地方,保证24 小时在线,实现语音、图像、数据等多种信息的传输。目前,我国三大电信运营商(中国电信、中国移动、中国联通)都已经建成了覆盖全国的基础通信网,特别是三大电信运营商 3G网络的建设,提供了宽带化的无线信息传输通道,可以实现全国范围内的无线漫游,这为车联网的建设提供了坚实的网络基础。

② 4G

4G 就是在经历 GSM、GPRS、3G 之后的第四代移动网络通信技术,4G 移动系统网络结构可分为三层,即物理网络层、中间环境层、应用网络层。物理网络层提供接入和路由选择功能,它们由无线和核心网的结合格式完成。中间环境层的功能有 QoS 映射、地址变换和完全性管理等。4G 网络物理网络层与中间环境层及其应用环境之间的接口是开放的,它使发展和提供新的应用及服务变得更为容易,提供无缝高数据率的无线服务,并运行于多个频带。

这一服务能自适应多个无线标准及多模终端能力,跨越多个运营者和服务,提供大范围服务。第四代移动通信系统的关键技术包括信道传输,抗干扰性强的高速接入技术、调制和信息传输技术,高性能、小型化和低成本的自适应阵列智能天线,大容量、低成本的无线接口和光接口,系统管理资源,软件无线电、网络结构协议等。

4G有望集成不同模式的无线通信——从无线局域网和蓝牙等室内网络、蜂窝信号、广播电视到卫星通信,移动用户可以自由地从一个标准漫游到另一个标准。

4G通信技术并没有脱离以前的通信技术,而是以传统通信技术为基础,并利用了一些新的通信技术,来不断提高无线通信的网络效率和功能。如果说现在的3G能为我们提供一个高速传输的无线通信环境的话,那么4G通信将是一种超高速无线网络,一种不需要电缆的信息超级高速公路,这种新网络可使电话用户以无线及三维空间虚拟实境连线。

③ Wi-Fi

Wi-Fi(Wireless Fidelity,无线保真技术)是一种可以将PC、手持设备(如PDA、手机)等终端以无线方式互相连接的技术。Wi-Fi为用户提供了无线的宽带互联网访问,是在家里、办公室或在旅途中上网的快速、便捷的途径。Wi-Fi的主要特性为可靠性高、通信距离远、速度快,通信距离可达几百米,速度可达54Mb/s,方便与现有的有线以太网络整合,组网的成本非常低。

Wi-Fi热点是通过在互联网连接上安装访问点来创建的,以前通过网线连接的计算机,在Wi-Fi热点覆盖区域可以通过无线电波来连网。当一台支持Wi-Fi的设备(如PC)遇到一个Wi-Fi热点时,这个设备可以用无线的方式连接到那个网络。目前,大部分Wi-Fi热点都位于供大众访问的地方,如机场、咖啡店、旅馆、书店、校园等,此外许多家庭、办公室、小型企业也拥有Wi-Fi网络。

Wi-Fi与蓝牙一样,同属于短距离无线技术。虽然在数据安全性方面,Wi-Fi技术比蓝牙技术要差一些,但是在电波的覆盖范围方面,Wi-Fi技术比蓝牙技术则要略胜一筹。Wi-Fi的可达范围不仅可以覆盖一个办公室,而且小一点的整栋大楼也可以覆盖,因此Wi-Fi一直是企业实现自己无线局域网所青睐的技术。

(2) 铜缆接入技术

当前用户接入网主要由多个双绞线构成的铜缆组成,怎样发挥其效益,并尽可能满足多项新业务的需求,是用户接入网发展的主要课题,也是电信运营商应付竞争、降低成本、增加收入的主要手段。所谓铜线接入技术是指在非加感的用户线上,采用先进的数字处理技术来提高双绞线的传输容量,向用户提供各种业务的技术。目前铜缆接入主要采用高比特率数字用户线(HDSL)、不对称数字用户线(ADSL)、甚高数据速率用户线(VDSL)等技术。

(3) 光纤接入技术和同轴接入技术

光纤接入技术是一种光纤到楼、光纤到路边、以太网到用户的接入方式,它为用户提供了可靠性很高的宽带保证,真正实现了千兆到小区、百兆到楼单元和十兆到家庭,并随着宽带需求的进一步增长,可平滑升级为百兆到家庭而不用重新布线。

混合光纤/同轴网(Hybrid Fiber Coax,HFC)也是一种宽带接入技术,它的主干网使用光纤,分配网则采用同轴电缆系统,用于传输和分配用户信息。HFC是将光纤逐渐推向用户的一种新的、经济的演进策略,可实现多媒体通信和交互式业务。

(4) 电力网接入技术

电力网接入技术利用电力线路为物理介质,可将遍布在住宅各个角落的信息家电连为一体,不用额外布线,就可与家中的计算机连接起来,组建家庭局域网。电力网接入技术可以为用户提供高速的互联网访问服务、话音服务,从而为用户上网和打电话增加了新的选择。电力网接入技术通过与控制技术的结合,可以在现有基础上实现"智能家庭",实现远程水、电、气等的自动抄表,一张收费单就可以解决用户生活中的所有收费项目。

2. 核心网技术

(1) 互联网

互联网,也叫 Internet,它以相互交流信息资源为目的,基于一些共同的协议,并通过许多路由器和公共互联网连接而成,是一个信息资源和资源共享的集合。Internet 采用目前最流行的客户机/服务器工作模式,凡是使用 TCP/IP 协议,并能与 Internet 中任意主机进行通信的计算机,无论是何种类型、采用何种操作系统,均可看成是 Internet 的一部分,可见 Internet 覆盖范围之广。物联网也被认为是 Internet 的进一步延伸。

Internet 将作为物联网主要的传输网络之一,然而为了让 Internet 适应物联网大数据量和多终端的要求,业界正在发展一系列新技术。其中,由于 Internet 中用 IP 地址对节点进行标识,而目前的 IPv4 受制于资源空间耗竭,已经无法提供更多的 IP 地址,所以 IPv6 以其近乎无限的地址空间将在物联网中发挥重大作用。引入 IPv6 技术,使网络不仅可以为人类服务,还将服务于众多硬件设备,如家用电器、传感器、远程照相机、汽车等,它将使物联网无所不在、无处不在地深入社会每个角落。

(2) 无线传感器网络

无线传感器网络(WSN)的基本功能是将一系列空间分散的传感器单元通过自组织的无线网络进行连接,从而将各自采集的数据通过无线网络进行传输汇总,以实现对空间分散范围内的物理或环境状况的协作监控,并根据这些信息进行相应的分析和处理。

很多文献将无线传感器网络归为感知层技术,实际上无线传感器网络技术贯穿物联网的三个层面,是结合了计算机、通信、传感器三项技术的一门新兴技术,具有较大范围、低成本、高密度、灵活布设、实时采集、全天候工作的优势,且对物联网其他产业具有显著带动作用。本书更侧重于无线传感器网络传输方面的功能,所以放在网络层中介绍。

如果说 Internet 构成了逻辑上的虚拟数字世界,改变了人与人之间的沟通方式,那么无线传感器网络就是将逻辑上的数字世界与客观上的物理世界融合在一起,改变人类与自然界的交互方式。传感器网络是集成了监测、控制以及无线通信的网络系统,相比传统网络其特点有如下几点。

① 节点数目更为庞大(上千甚至上万),节点分布更为密集;
② 由于环境影响和存在能量耗尽问题,节点更容易出现故障;
③ 环境干扰和节点故障易造成网络拓扑结构的变化;
④ 通常情况下,大多数传感器节点是固定不动的;
⑤ 传感器节点具有的能量处理能力、存储能力和通信能力等都十分有限。

因此,传感器网络的首要设计目标是能源的高效利用,这也是传感器网络和传统网络最重要的区别之一,涉及节能技术、定位技术、时间同步等关键技术。

2.4　应用层

物联网应用层能够为用户提供丰富多彩的业务体验,然而,如何合理高效地处理从网络层传来的海量数据,并从中提取有效信息,是物联网应用层要解决的一个关键问题。本节将对应用层的 M2M 技术、用于处理海量数据的云计算技术等关键技术进行介绍。

1. M2M

M2M 是 Machine-to-Machine(机器对机器)的缩写,根据不同应用场景,往往也被解释为 Man-to-Machine(人对机器)、Machine-to-Man(机器对人)、Mobile-to-Machine(移动网络对机器)、Machine-to-Mobile(机器对移动网络)。由于 Machine 一般特指人造的机器设备,而物联网(The Internet of Things)中的 Things 则是指更抽象的物体,范围也更广。例如,树木和动物属于 Things,可以被感知、被标记,属于物联网的研究范畴,但它们不是 Machine,不是人为事物。冰箱则属于 Machine,同时也是一种 Things。所以,M2M 可以看作是物联网的子集或应用。

M2M 是现阶段物联网普遍的应用形式,是实现物联网的第一步。M2M 业务现阶段通过结合通信技术、自动控制技术和软件智能处理技术,实现对机器设备信息的自动获取和自动控制。这个阶段通信的对象主要是机器设备,尚未扩展到任何物品,在通信过程中,也以使用离散的终端节点为主。并且,M2M 的平台也不等于物联网运营的平台,它只解决了物与物的通信,解决不了物联网智能化的应用。所以,随着软件的发展,特别是应用软件的发展和中间件软件的发展,M2M 平台可以逐渐过渡到物联网的应用平台上。

M2M 将多种不同类型的通信技术有机地结合在一起,将数据从一台终端传送到另一台终端,也就是机器与机器的对话。M2M 技术综合了数据采集、GPS、远程监控、电信、工业控制等技术,可以在安全监测、自动抄表、机械服务、维修业务、自动售货机、公共交通系统、车队管理、工业流程自动化、电动机械、城市信息化等环境中运行并提供广泛的应用和解决方案。

M2M 技术的目标就是使所有机器设备都具备联网和通信能力,其核心理念就是网络一切(Network Everything)。随着科学技术的发展,越来越多的设备具有了通信和联网能力,网络一切逐步变为现实。M2M 技术具有非常重要的意义,有着广阔的市场和应用,将会推动社会生产方式和生活方式的新一轮变革。

2. 云计算

云计算(Cloud Computing)是分布式计算(Distributed Computing)、并行计算(Parallel Computing)和网格计算(Grid Computing)的发展,或者说是这些计算机科学概念的商业实现。云计算通过共享基础资源(硬件、平台、软件)的方法,将巨大的系统池连接在一起以提供各种 IT 服务,这样企业与个人用户无须再投入昂贵的硬件购置成本,只需要通过互联网来租赁计算力等资源。用户可以在多种场合,利用各类终端,通过互联网接入云计算平台来共享资源。

云计算涵盖的业务范围,一般有狭义和广义之分。狭义云计算指 IT 基础设施的交付和使用模式,通过网络以按需、易扩展的方式获得所需的资源(硬件、平台、软件)。提供资源的网络被称为“云”。“云”中的资源在使用者看来是可以无限扩展的,并且可以随时获取、按需使用、随时扩展、按使用付费。这种特性经常被称为像水电一样使用的 IT 基础设施。广义云计算指服务的交付和使用模式,通过网络以按需、易扩展的方式获得所需的服务。这种服务可以是 IT 和软件、互联网相关的,也可以使用任意其他的服务。

云计算由于具有强大的处理能力、存储能力、带宽和极高的性价比,可以有效用于物联网应用和业务,也是应用层能提供众多服务的基础。它可以为各种不同的物联网应用提供统一的服务交付平台,可以为物联网应用提供海量的计算和存储资源,还可以提供统一的数据存储格式和数据处理方法。利用云计算大大简化了应用的交付过程,降低交付成本,并能提高处理效率。同时,物联网也将成为云计算最大的用户,促使云计算取得更大的商业成功。

3. 人工智能

人工智能(Artificial Intelligence)是探索研究使各种机器模拟人的某些思维过程和智能行为(如学习、推理、思考、规划等),使人类的智能得以物化与延伸的一门学科。目前对人工智能的定义大多可划分为 4 类,即机器"像人一样思考"、"像人一样行动"、"理性地思考"和"理性地行动"。人工智能企图了解智能的实质,并生产出一种新的能以与人类智能相似的方式作出反应的智能机器。该领域的研究包括机器人、语言识别、图像识别、自然语言处理和专家系统等。目前主要的方法有神经网络、进化计算和粒度计算三种。在物联网中,人工智能技术主要负责分析物品所承载的信息内容,从而实现计算机自动处理。

人工智能技术的优点在于:大大改善操作者作业环境,减轻工作强度;提高了作业质量和工作效率;一些危险场合或重点施工应用得到解决;环保、节能;提高了机器的自动化程度及智能化水平;提高了设备的可靠性,降低了维护成本;故障诊断实现了智能化等。

4. 数据挖掘

数据挖掘(Data Mining)是从大量的、不完全的、有噪声的、模糊的及随机的实际应用数据中,挖掘出隐含的、未知的、对决策有潜在价值的数据的过程。数据挖掘主要基于人工智能、机器学习、模式识别、统计学、数据库、可视化技术等,高度自动化地分析数据,做出归纳性的推理。它一般分为描述型数据挖掘和预测型数据挖掘两种:描述型数据挖掘包括数据总结、聚类及关联分析等;预测型数据挖掘包括分类、回归及时间序列分析等。通过对数据的统计、分析、综合、归纳和推理,揭示事件间的相互关系,预测未来的发展趋势,为决策者提供决策依据。

在物联网中,数据挖掘只是一个代表性概念,它是一些能够实现物联网"智能化"、"智慧化"的分析技术和应用的统称。细分起来,包括数据挖掘和数据仓库(Data Warehousing)、决策支持(Decision Support)、商业智能(Business Intelligence)、报表(Reporting)、ETL(数据抽取、转换和清洗等)、在线数据分析、平衡计分卡(Balanced Scoreboard)等技术和应用。

5. 中间件

什么是中间件?中间件是为了实现每个小的应用环境或系统的标准化以及它们之间的通信,在后台应用软件和读写器之间设置的一个通用的平台和接口。在许多物联网体系架构中,经常把中间件单独划分为一层,位于感知层与网络层或网络层与应用层之间。本书参照当前比较通用的物联网架构,将中间件划分到应用层。在物联网中,中间件作为其软件部分,有着举足轻重的地位。物联网中间件是在物联网中采用中间件技术,以实现多个系统或多种技术之间的资源共享,最终组成一个资源丰富、功能强大的服务系统,最大限度地发挥物联网系统的作用。具体来说,物联网中间件的主要作用在于将实体对象转换为信息环境下的虚拟对象,因此数据处理是中间件最重要的功能。同时,中间件具有数据的搜集、过滤、整合与传递等特性,以便将正确的对象信息传到后端应用系统。

目前主流的中间件包括 ASPIRE 和 Hydra。ASPIRE 旨在将 RFID 应用渗透到中小型企业。为了达到这样的目的,ASPIRE 完全改变了现有的 RFID 应用开发模式,它引入并推进一种完全开放的中间件,同时完全有能力支持原有模式中核心部分的开发。ASPIRE 的解决办法是完全开源和免版权费用,这大大降低了总的开发成本。Hydra 中间件特别方便地实现环境感知行为和在资源受限设备中处理数据的持久性问题。Hydra 项目的第一个产品是为了开发基于面向服务结构的中间件,第二个产品是为了能基于 Hydra 中间件生产出可以简化开发过程的工具,即供开发者使用的软件或者设备开发套装。

物联网中间件的实现依托于中间件关键技术的支持,这些关键技术包括 Web 服务、嵌入式 Web、Semantic Web 技术、上下文感知技术、嵌入式设备及 Web of Things 等。

思考题

1. 请列举 5 种物联网在生活中的应用。
2. 如何理解物联网体系架构中的三层关系?
3. 简述物联网感知层的功能,并列举相关技术。
4. 简述物联网网络层的功能,并列举相关技术。
5. 请说出几种流行的无线接入网技术及其各自的特点。
6. 相比传统网络,传感器网络的特点是什么?
7. 简述物联网应用层的功能,并列举相关技术。
8. 请列举中间件关键技术。

第 3 章　物联网关键技术

无线传感器网络物联网作为一种全新的信息传播方式,已经受到越来越多的重视。人们可以让尽可能多的物品与网络实现任何时间、地点的连接,从而对物体进行识别、定位、追踪、监控,进而形成智能化的解决方案,而物联网关键技术则是实现智能化解决方案的重要因素之一。温家宝总理在北京人民大会堂向北京科技界发表的题为《让科技引领中国可持续发展》的讲话中也着重强调了"要着力突破传感网物联网关键技术"。

本章从无线传感网技术、ZigBee 技术、M2M 技术、RFID 技术、云计算技术等几个方面对物联网关键技术进行介绍。

3.1　无线传感器网络

近年来,随着个人计算机、计算机网络的普及,因特网对人们的生活、工作、学习方式的影响越来越巨大,并将继续在未来的各领域持续发挥其影响力。集成了传感器、嵌入式系统、网络及通信、分布式信息处理等技术的无线传感器网络(Wireless Sensor Networks,WSN)是因特网从虚拟世界到物理世界的延伸。因特网改变了人与人之间交流、沟通的方式,而无线传感器网络将逻辑上的信息世界与真实物理世界融合在一起,改变了人与自然交互的方式。

无线传感器网络的发展不仅是技术发展也是应用需求推动的结果。无线传感器网络最初是在军事领域提出的,其研究反过来推动了以网络技术为核心的新军事革命,诞生了网络中心战的思想和体系。目前,无线传感器网络的应用已经由军事领域扩展到反恐、防爆、环境监测、医疗保健、家居、商业、工业等其他众多领域,能完成传统系统无法完成的任务。对无线传感器网络的基础理论和应用系统进行研究、开发具有自主知识产权的系统具有重要的学术意义和实际应用价值。

3.1.1　无线传感器网络概述

无线传感器网络是无线 Ad Hoc 网络的一个重要研究分支,是随着传感器、嵌入式、网络通信和分布式计算技术的迅速发展而出现的一种新的信息获取和处理模式。它是由随机分布的集成有传感器、数据处理单元和通信模块的微小节点通过自组织的方式构成网络,借助于节点中内置的形式多样的传感器测量所在周边环境中的热、红外、声纳、雷达和地震波信号,从而探测包括温度、湿度、噪声、光强度、压力、土壤成分、移动物体的大小、速度和方向等众多我们感兴趣的物质现象,实现对所在环境的监测。

1. 无线传感器网络发展历史

根据研究侧重点的不同，可以把无线传感器网络从 20 世纪 70 年代开始到现在的发展历程划分为三个阶段。第一阶段主要致力于小型化、低功耗、低成本的传感器节点的开发和研制，即为传统的传感器系统；第二阶段则是对无线传感器网络作为通信网络的特性研究，特别是通信协议的设计和实现。这个阶段，注重于传感器网络节点的集成化；第三阶段，侧重于多跳自足网络的研究。

(1) 第一阶段：传统的传感器系统。

WSN 的历史最早可以追溯到 20 世纪 70 年代，越战时期使用的传感器系统。当年美军在战场上投放了大约 2 万多个"热带树"传感器。所谓"热带树"就是由震动和声响传感器组成的系统。它由飞机投放，落地后插入泥土中，只露出伪装成树枝的无线电天线，因而被称为"热带树"。只要对方车队经过，传感器就能探测出目标产生的震动和声响信息，自动发送到指挥中心，美机立即展开追杀，总共炸毁或炸坏 4.6 万辆卡车。

这种早期使用的传感器系统的特征在于，传感器节点只产生探测数据流，没有计算能力，并且相互之间不能通信。这类传感器系统通常只能捕获单一信号，传感器节点之间只能进行简单的点对点通信，网络一般采用分级处理结构。

(2) 第二阶段：传感器网络节点集成化。

该阶段主要在 20 世纪 80 年代到 90 年代。

1980 年美国国防部高级研究计划局（Defense Advanced Research Projects Agency，DARPA）的分布式传感器网络项目，开启了现代传感器网络研究的先河。该项目由 TCP/IP 协议的发明人之一，时任 DARPA 信息处理技术办公室主任的 Robert Kahn 支持，起初设想建立低功耗传感器节点构成的网络。这些节点之间相互协作，但自主运行，将信息发送到需要它们的处理节点。通过多所大学研究人员的努力，该项目还是在操作系统、信号处理、目标处理、节点实验平台等方面取得了较好的基础性成果。

进入 20 世纪 90 年代，随着嵌入式计算技术、网络通信技术、节点及电路制造等技术的进步，无线传感器网络技术也获得了飞速发展。1993 年，美国加州大学洛杉矶分校（UCLA）与罗克韦尔科学中心密切合作，共同启动了"集成的无线网络传感器"（WINS）计划，研制集信号处理、无线通信、数字控制和多种传感能力等功能于一体的单片高度集成、低功率的传感器节点。1999 年美国加州大学伯克利分校（UCB）启动了"智能尘埃（Smart Dust）"计划，该计划研究传感器节点硬件小型化的可行性，在传感器节点集成化、小型化以及能量管理方面取得了很大的进展。另外，美国的麻省理工学院（MIT）于 1999 年启动了 uAMPS 研究计划，主要研究从单个节点和系统两个层面上来考虑能耗与网络寿命，和从智能化的角度研究网络的灵活性，使得工作在复杂情况下的无线传感器网络可以在无人干预的情况下实现自组织、重配置和自适应。

这个阶段的技术特征是采用现代微型化的传感器节点，这些节点可以同时具备感知能力、计算能力和通信能力。因此在 1999 年，商业周刊将无线传感器网络列为 21 世纪最具影响的 21 项技术之一。

(3) 第三阶段：多跳自组网。

该阶段主要是从 21 世纪开始至今。这个阶段的无线传感器网络的技术特点是网络传输自组织、节点设计低功耗。除了应用于情报部门进行反恐活动以外，在其他领域更是获得了很好的作用。所以 2002 年美国国家重点实验室橡树岭实验室提出了"网络就是传感器"的论断。由于无线传感器网络在国际上被认为是继互联网之后的第二大网络,因此,2003年美国《技术评论》杂志评出了对人类未来生活产生深远影响的十大新兴技术,无线传感器网络被列为第一。

我国的传感器网络研究相对起步较晚,于 1999 年前后正式启动无线传感器网络的研究工作。但从 2002 年开始,国家自然科学基金、中国下一代互联网(CNGI)示范工程、国家863 计划、973 计划等已陆续资助了多项和无线传感器网络相关的课题,国内的许多科研院所和重点高校也开展了无线传感器网络的研究,不但自主开发了无线传感器节点及相关产品,还部署了一些应用示范网络和试验床,为以后进一步深入开展无线传感器网络的研究奠定了一定基础。

在 2000 年,美国麻省理工学院(MIT)基于 Auto-ID center 项目提出了物物互联的概念(即物联网),致力于创造一个可自配置的无线传感网络用来连接所有的物体。美国咨询机构 Forrester 预测,到 2020 年,物物互联业务与现有人与人的通信业务比例将达到 30∶1,这为无线传感器网络的研究指明了一个新的方向,那就是高性能、低成本的传感器节点和基于应用与数据的无线传感器网络。

2. 无线传感器网络特点

无线传感器网络诞生于军事领域,并逐步应用到民用领域。由于无线传感器网络通常运行在人无法接近的恶劣甚至危险的环境中,能源无法替代以及传感器网络节点本身是微功耗的,因此无线传感器网络具有能量有限性的特点。在无线传感器网络中,除了少数节点需要移动以外,大部分节点都是静止的。而且由于无线传感器节点本身的不确定性(容易失效、不稳定性、能量的有限性)及传感器节点的规模(数量、密集程度)等问题决定了无线传感器网络是以数据(信息)为中心的,只考虑信息的获取,对网络的物理结构和传感器节点本身的状况较少考虑。无线传感器网络的这些特殊性,导致它与传统网络存在许多差异,主要表现在以下几方面。

(1) 在网络规模方面,无线传感器网络的节点数量比传统的 Ad Hoc 网络高几个数量级,由于节点数量很多,无线传感器网络节点一般没有统一的标识(ID)。

(2) 在分布密度方面,无线传感器网络分布密度很大。

(3) 传感器的电源能量极其有限。网络中的传感器由于电源能量原因容易失效或废弃,电源能量约束是阻碍无线传感器网络应用的严重问题。

(4) 无线传感器网络节点的能量、计算能力、存储能量有限。

(5) 无线传感器网络的传感器的通信带宽窄而且经常变化,通信覆盖范围只有几十到几百米。传感器之间的通信断接频繁,经常导致通信失败。由于传感器网络更多地受到高山、建筑物、障碍物等地势地貌以及风雨雷电等自然环境的影响,传感器可能会长时间脱离网络,离线工作。这导致无线传感器网络拓扑结果频繁变化。如何在有限通信能力的条件下高质量地完成感知信息的处理与传输,是无线传感器网络研究的一个问题。

(6) 传统网络以传输数据为目的。传统网络强调将一切与功能相关的处理都放在网络的端系统上,中间节点仅仅负责数据分组的转发;而无线传感器网络的中间节点具有数据转发和数据处理双重功能。

(7) 无线 Ad Hoc 网络中现有的自组织协议、算法不是很适合传感器网络的特点和应用要求。传统网络与无线传感器网络设计协议时侧重点不同。例如由于应用程序不很关心单个节点上的信息,节点标识(如地址等)的作用在无线传感器网络中就不十分重要;而无线传感器网络中中间节点上与具体应用相关的数据处理、融合和缓存却是很有必要的。这与传统无线网络的路由设计准则也不同。

(8) 无线传感器网络需要在一个动态的、不确定性的环境中,管理和协调多个传感器节点簇集,这种多传感器管理的目的在于合理优化传感器节点资源,增强传感器节点之间的协作,来提高网络的性能及对所在环境的监测程度。

综上所述,由无线传感器网络的概念、应用领域、与传统网络的差异以及无线传感器网络实现涉及的一系列先进技术等决定了无线传感器网络一般应具有以下特征。

(1) 能量受限(Energy Aware)。无线传感器网络通常的运行环境决定了无线传感器网络节点一般具有电池不可更换、能量有限的特征,当前的无线网络一般侧重于满足用户的QoS要求、节省带宽资源、提高网络服务质量等方面,较少考虑能量要求。而无线传感器网络在满足监测要求的同时必须以节约能源为主要目标。

(2) 可扩展性(Scalablility)。一般情况下,无线传感器网络包含有上千个节点。在一些特殊的应用中,网络的规模可以达到上百万个。无线传感器网络必须有效地融合新增节点,使它们参与到全局应用中。无线传感器网络的可扩展性能力加强了处理能力,延长了网络生存时间。

(3) 健壮性(Robustness)。在无线传感器网络中,由于能量有限性、环境因素和人为破坏等影响,无线传感器网络节点容易损坏,无线传感器网络健壮性保证了网络功能不受单个节点的影响,增加了系统的容错性、鲁棒性,延长了网络生存时间。

(4) 环境适应性(Adaptive)。无线传感器网络节点被密集部署在监测环境中,通常运行在无人值守或人无法接近的恶劣甚至危险的环境中,传感器可以根据监测环境的变化动态地调整自身的工作状态使无线传感器网络获得较长的生存时间。

(5) 实时性(Real-time)。无线传感器网络是一种反应系统,通常被应用于航空航天、军事、医疗等具有很强的实时要求的领域。无线传感器网络采集到的数据需要实时传给监测系统,并通过执行器对环境变化作出快速反应。

3. 无线传感器网络关键技术

由于传感器技术、无线技术和计算机网络技术的推动,无线传感器网络迅速发展,成为当前信息领域的一个重要研究热点,以及涉及诸多学科交叉的研究领域。传感器网络以应用为目标,其构建是一个庞大的系统工程,设计的研究工作和需要解决的问题在每一个层面上都非常多。从通信、组网、管理、分布式信息处理等方面考虑,主要的研究涉及网络通信协议、核心支撑技术、自组织管理、开发和应用。

(1) 无线传感网络中的功率控制问题

无线传感网络中的功率控制问题是指分布式系统中的节点在无线通信过程中选择最恰当的功率级发送分组,以达到优化网络应用相关性能的目的。由于节点发射功率级的选择对于网络多方面的性能均会产生影响,因此网络中的节点采用多大的功率级发送分组是一个非常复杂的问题。由于传感器节点的计算能力、存储能力、通信能力的限制,而节点所能携带的能力也十分有限,每个节点只能获取局部网络的拓扑结构信息,所以,节点上运行的网络协议不能太复杂。同时,传感器网络拓扑结构动态变化、网络资源也处于不断变动之中,这些都对网络协议提出了更高的要求。传感器网络协议要解决的问题是使每一个独立的节点都形成一个多跳的数据传输网络。因而,网络层协议和数据链路层协议成为当前研究的热点问题。数据链路层的介质访问控制(MAC)构建网络底层的基础结构,网络层的路由选择协议决定监测信息的传输路径。

在传感器网络中,网络的拓扑控制和优化有着十分重要的意义,主要体现在:影响整个网络的生存时间;减小节点间通信干扰,提高网络通信效率;为路由协议提供基础;影响数据融合;弥补节点失效的影响等方面。功率控制可在满足网络覆盖度和连通度的前提下,通过改变节点发射功率大小,选择最优的邻居节点,并删除不必要的通信链路,从而针对应用要求优化网络的拓扑结构。网络层中的功率控制与拓扑控制联系非常紧密,并且对于消息的多跳传输影响显著。它通过动态地改变发射功率大小,在保证网络连通的前提下优化网络拓扑结构,选择最优的路由传播路径,从而在满足性能要求的同时,尽可能提高网络的能量效率。

网络层功率控制是一种全局性的优化策略,而 MAC 层中的功率控制则是根据局部信息优化网络性能。MAC 层功率控制在 TDMA 网络、CDMA 网络中的目的主要是根据控制信息,尽可能地减少节点间的传输能耗;而在基于竞争的 CSMA 网络中,其主要目的则是降低网络竞争强度,扩大信道复用率,满足优化网络的性能要求。传感器网络由于资源和应用要求的限制,因此更关注于提升网络的能量效率。

(2) 无线传感网的拓扑控制

拓扑控制技术是无线传感器网络中最重要的技术之一。在由无线传感器网络生成的网络拓扑中,可以直接通信的两个节点之间存在一条拓扑边。如果没有拓扑控制,所有节点都会以最大无线传输功率工作。在这种情况下,一方面,节点有限的能量将被通信部件快速消耗,降低了网络的生命周期。同时,网络中每个节点的无线信号将覆盖大量其他节点,造成无线信号冲突频繁,影响节点的无线通信质量,降低网络的吞吐率。另一方面,在生成的网络拓扑中将存在大量的边,从而导致网络拓扑信息量大、路由计算复杂,浪费了宝贵的计算资源。因此,需要研究无线传感器网络中的拓扑控制问题,在维持拓扑的某些全局性质的前提下,通过调整节点的发送功率来延长网络生命周期、提高网络吞吐量、降低网络干扰、节约节点资源。

在无线传感网络中,网络的拓扑结构控制与优化具有十分重要的意义,这主要体现在以下几个方面。

① 影响整个网络的生存期。如前所述,无线传感网络的节点以电池作为能量供应设备,节能是网络设计首要考虑的问题。传感网络拓扑控制的主要问题就是在满足网络覆盖和连通度的前提下,通过功率控制和骨干网节点选择,剔除节点之间不必要的无线链路,尽量合理高效地使用网络能量,延长整个网络的生存期。

② 影响网络通信效率。由于无线传感网络中节点部署密集,若每个节点都以大功率与其他节点进行通信,势必会加剧节点之间的干扰、降低通信效率,同时,造成节点能量的浪费。当然,如果节点所选择的发射功率过小,网络的连通性就会受到影响。采用适当的功率控制技术是解决这一矛盾的重要方法之一。

③ 影响数据融合。传感网络是能量约束的网络,减少传输的数据量能够有效地节省能量、提高网络的生存期。无线传感网络中的数据融合是指传感器节点将采集到的数据传输给骨干节点,骨干节点进行数据融合,之后把融合结果传给数据收集节点。如何选择骨干节

点,减少数据传输量,是拓扑控制要解决的问题。

④ 拓扑控制是路由协议的基础。在无线传感网络中,路由就是数据转发经由的节点序列。在所有的节点中,只有活动的节点才能够进行数据转发,拓扑控制可以确定哪些活动的节点可以作为转发节点,哪些节点之间是相互邻接的。

⑤ 影响对失效节点的弥补。部署在恶劣环境中的传感节点,若受到损坏而失效,则必须有替代的节点。这就要求拓扑结构具有鲁棒性,这也是拓扑控制必须考虑的问题之一。

目前,无线传感网络拓扑控制的主要研究的问题是:在满足网络覆盖度和连通度的前提下,通过功率控制和骨干网节点选择,剔除节点之间不必要的通信链路,形成一个高效率的数据转发的优化网络结构。具体地讲,拓扑控制按照研究方向可以分为节点功率控制和层次型拓扑结构控制两个方向。功率控制调节网络中每个节点的发射功率,在满足网络连通的前提下,均衡节点的单跳可达邻居数目。层次型拓扑控制利用分簇机制,让一些节点作为簇头节点,由簇头节点形成一个处理数据的骨干网,其他非骨干网节点可以暂时关闭通信,进入休眠状态以节省能量。

除了传统的功率控制和层次型拓扑控制,人们也提出了启发式的节点唤醒和休眠机制。这种机制能够使节点在没有事件发生时设置通信模块为休眠状态,而在有事件发生时及时自动醒来,并唤醒邻居节点形成数据转发的拓扑结构。这种机制的重点在于解决节点在休眠状态和活动状态之间的转换问题,不能独立地作为一种拓扑及控制机制,因此,该机制需要与其他拓扑控制算法配合使用。

(3) 无线传感网络的定位技术

在无线传感网络中,位置信息是传感器节点采集数据中不可缺少的部分,对传感网络的监测活动至关重要,没有位置信息的监测消息往往毫无意义。因此,事件发生的位置或获取信息的节点位置是传感器节点监测消息中所包含的重要信息,是传感网络最基本的功能之一,对无线传感网络应用的有效性起着关键的作用。

在无线传感网络的具体应用中,监测到有事件发生之后关心的一个重要问题就是该事件发生的位置。例如,在气象监测应用中需要知道采集的气象信息所对应的具体区域的地理位置;对于突发的事件,如需要知道天然气管道泄漏的具体地点、暴发山洪现场的位置等。针对诸如此类的问题,传感器节点必须首先知道自身的地理位置信息,人们才能据此作出决策和采取相应措施。

由于传感器节点存在资源有限、部署随机、通信容易受到周边环境的干扰甚至节点失效等特点,定位机制必须满足自组织特性,节点可能随机分布或人工部署;能量高效特性,尽量采用低复杂度的定位算法,减少通信开销,延迟网络寿命;分布式计算特性,各个节点都计算自己的位置信息。根据节点位置是否确定,传感器节点分为信标节点和位置未知节点。信标节点的位置已知,位置未知的节点需要根据少数信标节点,按照某种定位机制确定自身的位置。前者以信标节点作为定位的参考点,各个节点定位后产生整体的绝对坐标系统。后者只需知道节点之间的相对位置,定位过程中无须信标节点的参与辅助,各个节点先以自身作为参考点,然后将邻居节点纳入自己的坐标系统,相邻的坐标系统依次合并转换,最后产生整体的相对坐标系统,从而完成定位任务。

常见的定位技术有全球定位系统(Globe Position System,GPS),它是目前应用最广、最成熟的定位系统,通过卫星的授时和测距来对用户节点进行定位,具有较高的定位精度,实时性较好,抗干扰能力强。但是,使用 GPS 技术定位只适合于视距通信的场合,即室外无遮挡的环境,用户节点通常能耗高、体积大且成本也较高,还需要固定基础设施等,这不太适合低成本自组织无线传感器网络。另外,机器人领域采用的定位技术也与无线传感器网络的定位技术不同,尽管二者非常相似,节点都具有自组织和移动特性,但是机器人节点数量少,节点能量充足且携带精确的测距设备,而在一般的能量受限的无线传感器网络中很难满足类似的条件。由于资源和能量受限,无线传感器网络对定位的算法和定位技术都提出了较高的要求。

在传感网定位过程中,节点位置计算的常用方法有三边测量法、三角测量法和极大似然估计法。根据定位过程中是否实际测量节点间距离或角度,传感网中的节点定位有基于距离的定位、距离无关的定位两种类型。

随着无线传感器网络应用和定位技术研究的深入,一些新的定位技术和方法也应运而生,如基于相对部署位置的定位方法、基于绝对的地理信息定位方法及基于 UWB 超宽带技术的定位方法等。加上无线传感器网络应用千差万别,没有普遍适应的定位方法和技术。

因此,必须根据不同的应用特点和环境状况,选择合适的定位算法和技术,才能满足用户特定的应用需求。

(4) 无线传感网络的时间同步机制

无线传感器网络的同步管理主要是指时间的同步管理。因为在分布式无线传感器网络的应用中,每个传感器节点都有自己的本地时钟。不同节点的晶体振荡器频率存在偏差,以及温度和电磁波的干扰等都会造成无线传感器网络节点之间的运行时间偏差。无线传感器网络本质上是一个分布式协同工作的网络系统,很多具体应用都要求网络各个节点存在相互的协同配合,因此时间同步是无线传感器网络同步管理机制的重要内容。

传统无线网络中,时间同步机制已经得到了广泛应用。例如,网络时间协议(Network Time Protocol,NTP)就是因特网中普遍采用的时间同步协议。另外,GPS 和无线测距技术也可以用来提供网络的全局时间同步。其中 NTP 协议只适用于结构相对稳定、链路很少的网络系统中;而 GPS 系统需要配置固定高成本接收机,同时在室内、森林或水下等有掩体的环境中无法使用 GPS 系统。因此,它们都不适合应用在无线传感器网络中。

在无线传感器网络应用中也不乏利用时间同步机制的例子,如在节点时间同步的基础上,远程观察卫星或导弹发射的轨道变化情况等。由于传感器网络本身的特点,节点体积和造价都不能太高,故设计时间同步机制必须考虑节点的体积和造价成本大小的影响。另外,还得考虑节点的能耗及应用相关性等特点和约束条件。

(5) 无线传感网络的数据管理

无线传感器网络主要应用于环境监控,需要对网络运行过程中产生的大量数据进行有效的管理。从数据存储的角度来看,无线传感器网络可以被看作是一种分布式数据库。以数据库的方式在无线传感网络中进行数据管理,可以将存储在网络中的数据的逻辑视图与网络中的实现进行分离,使得无线传感器网络的用户只需要关心数据查询的逻辑结构,无须关心具体的实现细节。虽然对网络所存储的数据进行抽象在一定程度上会影响执行效率,但是可以显著增强无线传感网络的易用性。美国加州大学伯克利分校的 TinyDB 系统和康奈尔大学的 Cougar 系统是目前具有代表性的无线传感器网络数据管理系统。

与传统的分布式数据库对数据的管理不同的是,无线传感器网络由于节点能量受限而且易于失效,数据管理系统必须在尽量减少能量消耗的同时提供有效的数据服务。同时,无线传感网络中节点数量庞大,传感器节点产生的无线数据流无法通过传统的分布式数据库数据管理技术进行分析处理。此外,对无线传感器网络数据的查询经常是随机的抽样查询,这也使得传统的分布式数据库数据管理技术不适用于无线传感网络。

传感网络的数据管理系统的结构主要有集中式、半分布式、分布式及层次式4种。目前大多数的研究工作都集中在半分布式结构方面。无线传感网络中数据的存储采用网络外部存储、以数据为中心的存储和本地存储三种方式。相对于其他两种方式,以数据为中心的存储方式可以在通信效率和能量消耗方面获得较好的平衡。基于地理散列表的方法是一种常用的以数据为中心的数据存储方式。无线传感器网络中,既可以为数据建立一维索引,也可以建立多维索引。DIFS系统中采用的是一维索引的方法,DIM系统中采用的是适用于无线传感网络的多维系统的方法。

目前,无线传感网络的数据查询语言多采用类SQL语言。查询操作是按照集中式、分布式或流水线式进行设计的。集中式查询由于传输了冗余数据而消耗额外的能量;分布式查询利用聚集技术可以显著降低通信开销;而流水线式聚集技术可以提高分布式查询的聚集正确性。传感网络中,对连续查询的处理也是需要考虑的问题,自适应技术(CACQ)可以处理无线传感网络节点上的单连续查询和多连续查询请求。

(6)无线传感网络的数据融合

由于大多数无线传感器网络应用都是由大量传感器节点构成的,共同完成信息收集、目标监视和感知环境的任务。因此,在信息采集的过程中,采用各个节点单独传输数据到汇聚节点的方法显然是不合适的。因为网络存在大量冗余信息,这样会浪费大量的通信带宽和宝贵的能量资源。此外,还会降低信息的收集效率,影响信息采集的及时性。

为避免上述问题,人们采用了一种称为数据融合(或称为数据汇聚)的技术。所谓数据融合,是指将多份数据或信息进行处理,组合出更高效、更符合用户需求的数据的过程。在大多数无线传感器网络应用当中,许多时候只关心监测结果,并不需要收到大量原始数据,数据融合是处理该类问题的有效手段。

无线传感器网络的数据融合技术可以结合网络的各个协议层来进行。在应用层,可通过分布式数据库技术对采集的数据进行初步筛选,达到融合效果;在网络层,可以结合路由协议,减少数据的传输量;在数据链路层,可以结合MAC,减少MAC层的发送冲突和头部开销,在达到节省能量目的的同时,还不失去信息的完整性。无线传感器网络的数据融合技术只有面向应用需求的设计,才会真正得到广泛的应用。

数据融合技术能够节省能量、提高信息准确度,但是它是以牺牲其他性能为代价的。首先是时延的代价,在数据传送过程中寻找易于进行数据融合的路由、进行数据融合的操作、为进行融合而等待其他数据的开销,这三方面都可能增加网络的平均时延。其次是网络鲁棒性的代价。传感网络相对于传统网络有更高的节点失效和数据丢失率,数据融合可以大幅度降低数据的冗余性,但是丢失相同的数据量可能损失更多的信息,因此,相对而言也降低了网络的鲁棒性。

(7)无线传感网的安全技术

无线传感器网络因其巨大的应用前景受到学术界和产业界越来越广泛的重视。目前已有的许多应用涉及了军事、监测等数据敏感领域。这些应用中的数据采样、传输,甚至节点的物理分布,都不能让敌人或无关人员知晓。安全性是这些应用得以实施的重要保障。但是,无线传感器网络本身所具有的一些限制使得安全问题的解决成为一个巨大的挑战。因此,无线传感器网络的安全问题研究吸引了众多科研人员的注意,成为了一个新的研究热点。

无线传感器网络的安全目标是要解决网络的可用性问题、机密性问题、完整性问题、节点的认证问题和新鲜性问题。

3.1.2　无线传感网络结构

1. 无线传感器网络体系结构

传感器网络系统通常包括传感器节点、汇聚节点和管理节点。大量传感器节点随机部署在检测区域内部或附近,能够通过自组织方式构成网络。传感器节点检测的数据沿着其他传感器节点逐跳地进行传输,在传输过程中检测数据可能被多个节点处理,经过多跳路由到汇聚节点,最后通过互联网或卫星达到管理节点。用户通过管理节点对传感器网络进行配置和管理,发布检测任务及收集检测数据。

传感器节点通常是一个微型的嵌入式系统,通常携带能力有限的电池供电,它的处理能力、存储能力和通信能力相对较弱。从网络功能上看,每个传感器节点兼顾传统网络节点的终端和路由器双重功能,除了进行本地信息收集和数据处理外,还要对其他节点转发来的数据进行存储、管理和融合等处理,同时与其他节点协作完成一些特定任务。目前传感器节点的软硬件技术是传感器网络研究的重点。

汇聚节点的处理能力、存储能力和通信能力相对比较强,它连接传感器网络与 Internet 等外部网络,实现两种协议栈之间的通信协议转换,同时发布管理节点的检测任务,并把收集的数据转发到外部网络上。汇聚节点既可以是一个具有增强功能的传感器节点,也可以是没有检测功能仅带有无线通信接口的特殊网关设备。

传感器节点由传感器模块、数据处理模块、无线通信模块和能力供应模块 4 部分组成。其中,传感器模块负责监测区域内信息的采集和数据转换;数据处理模块负责控制整个传感器节点的操作,存储和处理传感器模块采集的数据及其他节点发来的数据;无线通信模块负责在传感器节点之间进行无线通信、交换控制消息和收发采集数据;能力供应模块通常采用微型电池,为传感器节点提供运行所需的能量。

2. 无线传感器网络拓扑结构

无线传感器网络的网络拓扑结构有多种形态和组网方式。按照其组网形态和方式来分,有集中式、分布式和混合式。无线传感器网络的集中式结构类似于移动通信的蜂窝结构,集中管理。而无线传感器网络的分布式结构,类似于 Ad Hoc 网络结构,可自组织网络接入连接,分布管理。还有,无线传感器网络的混合式结构包括集中式和分布式结构的组合。无线传感器网络的网状式结构类似 Mesh 网络结构,其节点网状分布连接和管理。如果按照节点功能及结构层次来划分,无线传感器网络通常可分为平面网络结构、分级网络结构、混合网络结构以及 Mesh 网络结构。无线传感器节点经多跳转发,通过基站或汇聚节点或网关接入网络,在网络的任务管理节点对感应信息进行管理、分类和处理,再把感应信息传送给用户使用。

（1）平面网络结构

平面网络结构是无线传感器网络中最简单的一种拓扑结构,所有节点均为对等结构,具有完全一致的功能特性,也就是说每个节点均包含相同的 MAC、路由、管理和安全等协议。这种网络拓扑结构简单,易维护,具有较好的健壮性,事实上就是一种 Ad Hoc 网络结构的形式。由于没有中心管理节点,故采用自组织协同算法组成网络,其组网算法比较复杂。

(2) 分级网络结构

分级网络结构,也叫层次网络结构,是无线传感器网络中平面网络结构的一种扩展拓扑结构,网络分为上层和下层两个部分,上层为中心骨干节点,下层为一般传感器节点。通常,网络可能存在一个或多个骨干节点,骨干节点之间或一般传感器节点之间采用的是平面网络结构。具有汇聚功能的骨干节点和一般传感器节点之间采用的是分级网络结构。

所有骨干节点均为对等结构,骨干节点和一般传感器节点有着不同的功能特性,也就是说每个骨干节点均包含相同的 MAC、路由、管理和安全等功能协议,而一般传感器节点可能没有路由、管理及汇聚处理等功能。这种分级网络通常以簇的形式存在,按功能分为簇首(即具有汇聚功能的骨干节点,称为 Clusterhead)及成员节点(即一般传感器节点,称为Member)。这种网络拓扑结构扩展性好,便于集中管理,可以降低系统的建设成本,提高网络覆盖率和可靠性。但是集中管理开销大,硬件成本高,一般传感器节点之间可能不能够直接通信。

(3) 混合网络结构

混合网络结构是无线传感器网络中平面网络结构和分级网络结构的一种混合拓扑结构,网络骨干节点之间及一般传感器节点之间都采用平面网络结构,而网络骨干节点和一般传感器节点之间则采用分级网络结构。这种网络拓扑结构和分级网络结构不同的是一般传感器节点之间可以直接通信,不需要通过汇聚骨干节点来转发数据。这种结构同分级网络结构相比较,支持的功能更加强大,但所需硬件成本更高。

Mesh 网络结构是一种新型的无线传感器网络结构,与前面的传统无线网络拓扑结构相比,具有一些结构和技术上的不同。从结构来看,Mesh 网络是规则分布的网络,不同于完全连接的网络结构,通常只允许和节点最近的邻居通信。网络内部的节点一般都是相同的。因此 Mesh 网络也被称为对等网。Mesh 网络是构建大规模无线传感器网络的一个很好的结构模型,特别是那些分布在一个地理区域的传感器网络,如人员或车辆安全监控系统。尽管这里反映通信拓扑的是规则结构,然而节点实际的地理分布不必是规则的 Mesh 结构形态。由于 Mesh 网络结构节点之间通常存在多条路由路径,网络对于单点或单个链路的故障具有较强的容错能力和鲁棒性。Mesh 网络结构最大的优点就是尽管所有节点都是对等的地位,且具有相同的计算和通信传输功能,但某个节点可被指定为簇首节点,而且可实现额外的功能。一旦簇首节点失效,另一个节点可以立刻补充并接管原簇首节点那些额外实现的功能。

不同的网络结构对路由和 MAC 的性能影响较大。例如,一个 $n \times m$ 的二维 Mesh 网络结构的无线传感器网络拥有 n^m 条连接链路,每个源节点到目的节点都有多条连接路径。完全连接的分布式网络的路由表会随着节点数的增加而呈指数增加,且路由设计复杂度是个NPhard 问题。通过限制允许通信的邻居节点的数目和通信路径,可以获得一个具有多项式复杂度的再生流拓扑结构,基于这种结构的流线型协议本质上就是分级的网络结构。采用分级网络结构技术可使 Mesh 网络的路由设计变得简单得多,而且一些数据处理可以在每个分级的层次里面完成,因而比较适用于无线传感器网络的分布式信号处理和决策。

3.1.3　无线传感网络协议

WSN 的数据链路层和网络层都有反映自身特点的协议。在 WSN 中,数据链路层用于构建底层的基础网络结构,控制无线信道的合理使用,确保点到点或点到多点的可靠连接;网络层则负责路由的查找和数据包的传送。

1. MAC 协议

多址接入技术的一个核心问题是:对于一个共享信道,当信道的使用产生竞争时,如何采取有效的协调机制或服务准则来分配信道的使用权,这就是媒体访问控制(Medium Access Control,MAC)技术。

MAC 协议处于数据链路层,是无线传感器网络协议的底层部分。主要用于为数据的传输建立连接,以及在各节点之间合理有效地共享通信资源。MAC 协议对无线传感器网络的性能有较大的影响,是保证网络高效通信的关键协议之一。

(1) MAC 协议的设计原则

根据 WSN 的特点,MAC 协议需要考虑很多方面的因素,包括节省能源、可扩展性、网络的公平性、实时性、网络的吞吐量、带宽的利用率以及上述因素的平衡问题等,其中节省能源成为最主要的考虑因素。这些考虑因素与传统网络的 MAC 协议不同,当前主流的无线网络技术,如蜂窝电话网络、Ad Hoc、蓝牙技术等,它们各自的 MAC 协议都不适合 WSN。WSN 的 MAC 协议主要设计原则如下。

① 节省能量

每个传感器节点都由电池供电,受环境和其他条件的限制,节点的电池能量通常难以进行补充。MAC 协议直接控制节点的节能问题,即让传感器节点尽可能地处于休眠状态,以减少能耗。

② 可扩展性

WSN 中的节点在数目、分布密度、分布位置等方面很容易发生变化,或者由于节点能量耗尽、新节点的加入也能引起网络拓扑结构的变化。因此 MAC 协议应具有可扩展性,以适应拓扑结构的动态性。

(2) MAC 协议的分类

目前针对不同的传感器网络,研究人员从不同的方面提出了多种 MAC 协议,但目前对 WSN 的 MAC 协议还缺乏一个统一的分类方式。这里根据节点访问信道的方式,将 WSN 的 MAC 协议分为以下三类。

① 基于竞争的 MAC 协议

多数分布式 MAC 协议采用载波侦听或冲突避免机制,并采用附加的信令控制消息来处理隐藏和暴露节点的问题。基于竞争随机访问的 MAC 协议是节点需要发送数据时,通过竞争的方式使用无线信道。

IEEE 802.11 MAC 协议采用带冲突避免的载波侦听多路访问(Carrier Sensor Multiple Access with Collision Avoidance,CSMA/CA),是典型的基于竞争的 MAC 协议。在 IEEE 802.11 MAC 协议的基础上,研究人员提出了多种用于传感器网络的基于竞争的 MAC 协议,例如s-MAC 协议、T-MAC 协议、ARC-MAC 协议、Sift-MAC 协议、Wise-MAC 协议等。

② 基于调度算法的 MAC 协议

为了解决竞争的 MAC 协议带来的冲突,研究人员提出了基于调度算法的 MAC 协议。该类协议指出,在传感器节点发送数据前,根据某种调度算法把信道事先划分。这样,多个传感器节点就可以同时、没有冲突地在无线信道中发送数据,这也解决了隐藏终端的问题。

在这类协议中,主要的调度算法是时分复用 TDMA。时分复用 TDMA 是实现信道分配的简单成熟的机制,即将时间分成多个时隙,几个时隙组成一个帧,在每一帧中分配给传感器节点至少一个时隙来发送数据。这类协议的典型代表有 DMAC 协议、SMACS 协议、DE. MAC 协议、EMACS 协议等。

③ 混合 MAC 协议

竞争协议和调度协议各有各的优缺点,混合协议包含竞争协议和调度协议的设计要素,既能保持所组合协议的优点,又能避免各自的缺点,更有利于网络全局优化。

2. 路由协议

在 WSN 中,路由协议主要负责路由的选择和数据包的转发。传统无线通信网络路由协议的研究重点是无线通信的服务质量,相对传统无线通信网络而言,WSN 路由协议的研究重点是如何提高能量效率、如何可靠地传输数据。

(1) 路由协议的设计原则

在 WSN 中,路由协议不仅关心单个节点的能量消耗,更关心整个网络能量的均衡消耗,这样才能延长整个网络的生存期。同时,WSN 是以数据为中心的,这在路由协议中表现得最为突出,每个节点没有必要采用全网统一的编址,选择路径可以不用根据节点的编址,更多的是根据感兴趣的数据建立数据源到汇聚节点之间的转发路径,路由协议的主要设计原则如下。

① 能量优先

由于 WSN 节点采用电池一类的可耗尽能源,因此能量受限是 WSN 的主要特点。WSN 的路由协议是以节能为目标,主要考虑节点的能量消耗和网络能量的均衡使用问题。

② 以数据为中心

传统的路由协议通常以地址作为节点的标识和路由的依靠,而 WSN 中大量的节点是随机部署的,WSN 所关注的是监测区域的感知数据,而不是信息是由哪个节点获取的。以数据为中心的路由协议要求采用基于属性的命名机制,传感器节点通过命名机制来描述数据。WSN 中的数据流通常由多个传感器节点向少数汇集节点传输,按照对感知数据的需求、数据的通信模式和流向等,形成以数据为中心的信息转发路径。

③ 基于局部拓扑信息

WSN 采用多跳的通信模式,但由于节点有限的通信资源和计算资源,使得节点不能存储大量的路由信息,不能进行太复杂的路由计算。在节点只能获取局部拓扑信息的情况下,WSN 需要实现简单、高效的路由机制。

(2) 路由协议的分类

到目前为止,仍缺乏一个完整和清晰的路由协议分类方法。WSN 的路由协议可以从不同的角度进行分类,这里介绍三类路由协议:以数据为中心的路由协议、分层次的路由协议、基于地理位置的路由协议。

① 以数据为中心的路由协议

这类协议与传统的基于地址的路由协议不同,是建立在对目标数据的命名和查询上,并通过数据聚合减少重复的数据传输。以数据为中心的路由协议主要有 SPIN 协议、DD 协议、Rumor 协议、Routing 协议等。

② 分层次的路由协议

分层次路由也称为以分簇为基础的路由,用于满足传感器节点的低能耗和高效率通信。在层次路由中,高能量节点可用于数据转发、数据查询、数据融合、远程通信和全局路由维护等高耗能应用场合;低能量节点用于事件检测、目标定位和局部路由维护等低耗能应用场合。这样按照节点的能力进行分配,能使节点充分发挥各自的优势,以应付大规模网络的情况,并有效提高整个网络的生存时间。分层次的路由协议主要有 LEACH 协议、TEEN 协议和 PEGASIS 协议等。

③ 基于地理位置的路由协议

在 WSN 的实际应用中,尤其是在军事应用中,往往需要实现对传感器节点的定位,以获取监控区域的地理位置信息,因此位置信息也被考虑到 WSN 路由协议的设计中。

基于地理位置的路由协议利用位置信息指导路由的发现、维护和数据转发,能够实现信息的定向传输,避免信息在整个网络的洪泛,减少路由协议的控制开销,优化路径选择,通过节点的位置信息构建网络拓扑图,易于进行网络管理,实现网络的全局优化。基于地理位置的路由协议主要有 GPSR 协议和 GEM 协议等。

3.1.4　无线传感器网络典型应用

无线传感器网络具有众多类型的传感器,可探测包括地震、电磁、温度、湿度、噪声、光强度、压力、土壤成分、移动物体的大小、速度和方向等周边环境中多种多样的现象。基于 MEMS 的微传感技术和无线联网技术为无线传感器网络赋予了广阔的应用前景。这些潜在的应用领域可以归纳为军事、航空、反恐、防爆、救灾、环境、医疗、保健、家居、商业等领域。

(1) 军事应用

无线传感器网络可以应用在网络中心战体系,是 C4ISR(Command, Control, Communications, Computing, Intelligence, Surveillance, Reconnaissance and Targeting)的重要组成部分。自组织和高容错性的特征使无线传感器网络非常适用于恶劣的战场环境,进行己方兵力、装备和物资的监控,冲突区的监视,敌方地形和布防的侦察,目标定位攻击,损失评估,核、生物和化学攻击的探测等。

(2) 空间探索

探索外部星球一直是人类梦寐以求的理想,借助于航天器布撒的传感器网络节点实现对星球表面长时间的监测,应该是一种经济可行的方案。美国国家航空和宇宙航行局(National Aeronautics and Space Administration, NASA)的 JPL(Jet Propulsion Laboratory)实验室研制的 Sensor Webs 就是为将来的火星探测进行技术准备的,已在佛罗里达宇航中心周围的环境监测项目中进行测试和完善。

(3) 反恐应用

美国的“9・11”恐怖袭击造成了难以估量的巨大损失,而目前世界各地的恐怖袭击也大有愈演愈烈之势。采用具有各种生化检测传感能力的传感器节点,在重要场所进行部署,配备迅速的应变反应机制,有可能将各种恐怖活动和恐怖袭击扼杀在摇篮之中,防患于未然,或尽可能将损失降低到最少。

（4）防爆应用

矿产、天然气等开采、加工场所，由于其易爆易燃的特性，加上各种安全设施陈旧、人为和自然等因素，极易发生爆炸、坍塌等事故，造成生命和财产的巨大损失，社会影响恶劣。在这些易爆场所，部署具有敏感气体浓度传感能力的节点，通过无线通信自组织成网络，并把检测的数据传送给监控中心，一旦发现异常情况，立即采取有效措施，防止事故的发生。

（5）灾难救援

在发生了地震、水灾、强热带风暴或遭受其他灾难打击后，固定的通信网络设施（如有线通信网络、蜂窝移动通信网络的基站等网络设施、卫星通信地球站以及微波中继站等）可能被全部摧毁或无法正常工作，对于抢险救灾来说，这时就需要无线传感器网络这种不依赖任何固定网络设施、能快速布设的自组织网络技术。边远或偏僻野外地区、植被不能破坏的自然保护区，无法采用固定或预设的网络设施进行通信的地区，也可以采用无线传感器网络来进行信号采集与处理。

（6）环境科学

随着人们对于环境的日益关注，环境科学所涉及的范围越来越广泛。通过传统方式采集原始数据是一件困难的工作。传感器网络为野外随机性的研究数据获取提供了方便，例如跟踪候鸟和昆虫的迁移，研究环境变化对农作物的影响，监测海洋、大气和土壤的成分等。此外，也可用于对森林火灾的监控。

（7）医疗保健

如果在住院病人身上安装特殊用途的传感器节点，如心率和血压监测设备，利用传感器网络，医生就可以随时了解被监护病人的病情，进行及时处理。还可以利用传感器网络长时间地收集人的生理数据，这些数据在研制新药品的过程中是非常有用的，而安装在被监测对象身上的微型传感器也不会给人的正常生活带来太多的不便。此外，在药物管理等诸多方面，它也有新颖而独特的应用。总之，传感器网络为未来的远程医疗提供了更加方便快捷的技术实现手段。

（8）智能家居

嵌入家具和家电中的传感器与执行机构组成的无线传感器执行器网络与 Internet 连接在一起将会为人们提供更加舒适、方便和具有人性化的智能家居环境，包括家庭自动化（嵌入到智能吸尘器、智能微波炉、电冰箱等，实现遥控、自动操作和基于 Internet、手机网络等的远程监控）和智能家居环境（如根据亮度需求自动调节灯光，根据家具脏的程度自动进行除尘等）。

（9）商业应用

自组织、微型化和对外部世界的感知能力是无线传感器网络的三大特点，这些特点决定了无线传感器网络在商业领域应该也会有很多的应用。例如城市车辆监测和跟踪、智能办公大楼、汽车防盗、交互式博物馆、交互式玩具等众多领域，无线传感器网络都将会孕育出全新的设计和应用模式。

3.2 ZigBee 技术

ZigBee 是为低数据速率、短距离无线网络通信定义的一系列通信协议标准。基于 ZigBee 的无线设备工作在 868MHz、915MHz 和 2.4GHz 频带，其最大数据速率是 250Kb/s。

3.2.1　ZigBee 设备

在 ZigBee 网络中存在三种逻辑设备类型,即 Coordinator(协调器),Router(路由器)和 End-Device(终端设备)。ZigBee 网络由一个 Coordinator 以及多个 Router 和多个 End-Device 组成的。如图 3-1 所示是一个简单的 ZigBee 网络示意图。其中黑色节点为 Coordinator,灰色节点为 Router,白色节点为 End-Device。

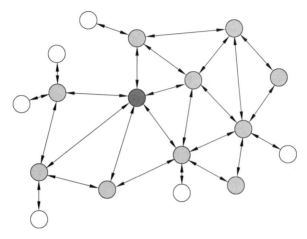

图 3-1　ZigBee 网络示意图

1. Coordinator

协调器负责启动整个网络。它也是网络的第一个设备。协调器选择一个信道和一个网络 ID(也称为 PAN ID,即 Personal Area Network ID),随后启动整个网络。协调器也可以用来协助建立网络中安全层和应用层的绑定(bindings)。

在 IEEE 802.15.4 网络中,根据设备所具有的通信能力,可以分为全功能设备(Full-Function Device,FFD)和精简功能设备(Reduced-Function Device,RFD)。FFD 之间以及 FFD 和 RFD 之间都可以相互通信;但 RFD 只能与 FFD 通信,而不能和其他的 RFD 通信。

协调器必须是全功能设备,FFD 需要功能较强的 MCU,在网络结构中拥有网络控制和管理的功能。协调器负责网络成员的身份管理、链路状态信息的管理以及分组转发等功能。

2. Router

路由器的主要功能是允许其他设备加入网络,经过多跳路由,协助其他终端设备的通信。

通常,我们希望路由器一直处于活动状态,因此它必须使用主电源供电。但是当使用树状网络拓扑结构时,允许路由间隔一定的周期操作一次,这样就可以使用电池给其供电。路由器也属于全功能设备。

3. End-Device

终端设备没有特定的维持网络结构的责任,它可以睡眠或者唤醒,因此它可以是一个电池供电设备。通常,终端设备对存储空间(特别是 RAM)的需要比较小。终端一般是 RFD,也可以是 FFD 设备。

3.2.2　ZigBee 网络拓扑

IEEE 802.15.4 协议根据应用的需要,其组网方式有三种类型,即星形网络,Mesh 网络,树状网络,如图 3-2 所示。

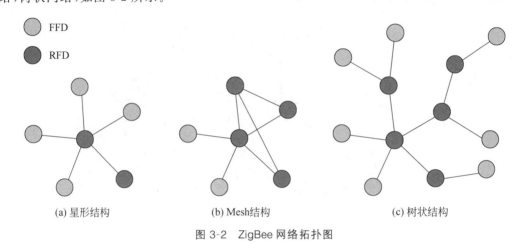

图 3-2　ZigBee 网络拓扑图

3.2.3　ZigBee 协议架构

ZigBee 协议层共包括物理层(又称实体层)、MAC 层、数据链接层、网络层和应用支持层5 个主要层次。在标准制定的分工上,ZigBee 协议层是由 ZigBee 联盟和 IEEE 802.15.4 的任务小组共同完成的。其中,物理层(又称实体层)、MAC 层、数据链接层,以及传输过程中的资料加密机制等都是由 IEEE 所主导的。网络层和应用支持层则由 ZigBee 联盟来完成。IEEE 802.15.4 小组与 ZigBee 联盟共同针对 ZigBee 协议栈的发展进行研究,而未来还能依据系统客户的要求来修正其所需的应用界面。具体关系如图 3-3 所示。

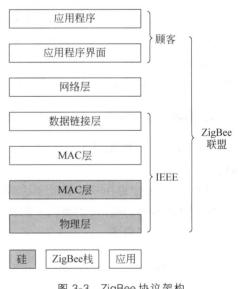

图 3-3　ZigBee 协议架构

3.2.4　服务原语

在 IEEE 802.15.4 和 ZigBee 协议中,用"原语"的概念来描述相邻两个层间的服务,层间调用函数或者传递信息,都可以用原语来表示。虽然,在整个系统中有很多不同的层,但是层间的通信方式是非常相似的。例如 PHY、MAC 与 NWK 层都为它们的上一级提供数据服务,其请求数据服务的机制类似：高层通过服务接入点(SAP)向下级请求传输,下级传输成功后将状态返回给上级。

正是由于这种相似性,才让"服务原语"这种方式显得格外重要。每一个原语要么执行一个指令,要么返回一个之前指令的运行结果。原语也会带着指令运行需要的参数。有4 种类型的原语,包括请求、指示、响应和确认。

3.2.5 ZigBee 协议栈结构和原理

ZigBee 通信协议的基础是 IEEE 802.15.4。这是 IEEE 无线个人区域网工作组的一项标准,被称作 IEEE 802.15.4 标准。该标准定义了物理层(PHY)和媒体访问控制层(MAC)的标准。ZigBee 联盟则定义了 ZigBee 协议的网络层(NWK)、应用层(APL)和安全服务规范。TI-Chipcon 公司在 IEEE 802.15.4 标准和 ZigBee 联盟所推出的 ZigBee 2006 规范的基础上,发布了全功能的 ZigBee 2006 协议栈,并通过了 ZigBee 联盟的认证。该协议栈全部用C 语言编写,免费提供给用户,同时向后兼容。该协议栈在结构上分为应用层、网络层、安全层、MAC 层和物理层,每一层的函数都严格按照 IEEE 802.15.4 标准和 ZigBee 2006 规范所规定的原语格式编写。与此同时,在协议栈内部还嵌入了一个操作系统,用于对任务进行统一的调度。对于用户而言,只需要了解应用层函数并进行恰当的调用,就可以构建功能完善、性能稳定的 ZigBee 无线网络。ZigBee 体系结构模型如图 3-4 所示。

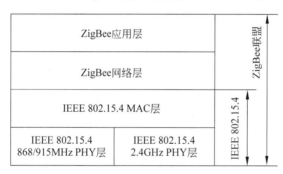

图 3-4 ZigBee 体系结构模型

3.2.6 IEEE 802.15.4 通信层

IEEE 802.15.4 标准定义了协议栈的最下面两层,即物理层(PHY)和介质接入控制子层(MAC)。ZigBee 直接使用了这两层,并在此基础上定义了网络层(NWK)和应用层(APL)架构。

物理层定义了物理无线信道和与 MAC 层之间的接口,提供物理层数据服务和物理层管理服务。物理层数据服务是从无线信道上收发数据,物理层管理服务维护一个由物理层相关数据组成的数据库。

ZigBee 的通信频率由物理层来规范。ZigBee 对于不同的国家和地区提供不同的工作频率范围。它所使用的频率范围分别为 2.4GHz 和 868/915MHz。因此,IEEE 802.15.4 定义了两个物理层标准,分别是 2.4GHz 物理层和 868/915MHz 物理层。两个物理层都是基于直接序列扩频(DSSS)技术,使用相同的物理层数据包格式,其区别在于工作频率、调制技术、扩频码片长度和传输速率的不同。

通常,ZigBee硬件设备不能同时兼容两个工作频率。868~868.6MHz频段能够提供20Kb/s的传输速率,主要用于欧洲。902~928MHz频段能够提供40Kb/s的传输速率,用于北美。由于这两个频段上无线信号的传播损耗和所受到的无线电干扰均小,因此可以降低对接收机灵敏度的要求,获得较大的有效通信距离,从而达到较少的设备即可覆盖整个区域。2400~2483.5MHz频段可用于全球,能够提供250Kb/s的传输速率。我国采用的是2400MHz的工作频率。

物理层功能相对简单,主要是在硬件驱动程序的基础上,实现数据传输和物理信道的管理。

(1) 数据传输包括数据的发送和接收;

(2) 管理服务包括信道能量监测(Energy Detect,ED)、链接质量指示(Link Quality Indication,LQI)和空闲信道评估(Clear Channel Assessment,CCA)等。

物理层主要完成激活/休眠无线收发设备,对当前频道进行能量检测,链接质量指示,为载波检测多址与碰撞避免(CSMA-CA)进行空闲频道评估,频道选择,数据的发送和接收等。

信道能量检测为上层提供信道选择的依据,主要是测量目标信道中接收信号的功率强度。该检测本身不进行解码操作,检测结果为有效信号功率和噪声信号功率之和。

链接质量指示为上层服务提供接收数据时无线信号的强度质量信息,它要对检测信号进行解码,生成一个信噪比指标。

空闲信道评估评判信道是否空闲。IEEE 802.15.4规范定义了如下三种空闲信道评估模式。

(1) 简单判断信道的信号能量,当信号能量低于某一门限值时就认为信道空闲;

(2) 判断无线信号的特征,该特征包括两个方面,即扩频信号特征和载波频率;

(3) 前两种模式的综合,同时检测信号强度和信号特征,判断信道是否空闲。

如图3-5所示,其中无线射频服务接入点是由驱动程序提供的接口,而数据服务接入点是物理层提供给上层即MAC层的数据服务接口,物理层实体服务接入点是物理层给MAC层提供的管理服务接口。

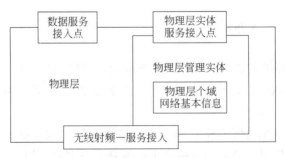

图 3-5 物理层结构模型

ZigBee物理层数据包由同步包头、物理层包头和物理层净荷三部分组成。

同步包头由前同步码和数据包(帧)定界符组成,用于获取符号同步、扩频码同步和帧同步,也有助于粗略的频率调整。

物理层包头指示净荷部分的长度,净荷部分含有 MAC 层数据包,最大长度是 127 字节。如果数据包的长度类型为 5 字节或大于 8 字节,那么物理层服务数据单元(PSDU)携带 MAC 层的帧信息(即 MAC 层协议数据单元)。表 3-1 所示是物理层数据包格式。

表 3-1 物理层数据包格式

				2 字节	1 字节	0~20 字节	2 字节
				帧控制域 (FCF)	数据 序号	地址信息	帧校验序列 (FCS)
4 字节	1 字节	1 字节		MAC 头(MHR)			MAC 校验 (MFR)
前同步码	帧定界符	帧长度 (7 位)	预留位 (1 位)	MAC 协议数据单元(MPDU)			
同步包头		物理层包头		PHY 服务数据单元(PSDU)			

MAC 层提供两种服务,即 MAC 层数据服务和 MAC 层管理服务。前者保证 MAC 协议数据单元在物理层数据服务中的正确收发,而后者从事 MAC 层的管理活动,并维护一个信息数据库。

MAC 层的主要功能包括如下 7 个方面。

(1) 网络协调者产生并发送信标帧(beacon);

(2) 设备与信标同步;

(3) 支持 RAN 网络的关联和取消关联操作;

(4) 为设备的安全性提供支持;

(5) 信道接入方式采用免冲突载波检测多路访问机制(CSMA-CA);

(6) 处理和维护保护时隙机制(GTS);

(7) 在两个对等的 MAC 实体之间提供一个可靠的通信链路。

MAC 帧格式主要是指 MAC 协议数据单元(MPDU)的格式,主要包括 MAC 帧头(MHR)、MAC 负载和 MAC 帧尾(MFR),如表 3-2 所示。

表 3-2 MAC 帧的通用格式

字节 2	1	0/2	1/2/8	0/2	0/2/8	2
帧控制	序列号	目的 PAN 标志符	目的地址	源 PAN 标志符	源地址	帧校验
		地址域				
MAC 帧头						MAC 帧尾

3.2.7 ZigBee 网络层

ZigBee 协议标准采用分层结构,每一层为上层提供一系列特殊的服务:数据实体提供数据传输服务,管理实体提供所有其他的服务。所有的服务实体都通过服务接入点(SAP)为上层提供接口,每个 SAP 都支持一定数量的服务原语来实现所需的功能。

ZigBee 标准的分层架构是在 OSI 七层模型的基础上根据市场和应用的实际需要定义

的。其中 IEEE 802.15.4-2003 标准定义了最下面的两层：物理层和介质访问控制子层。ZigBee 联盟提供了网络层（NWK）和应用层框架（APL）的设计。应用框架包括应用支持子层（APS）、ZigBee 设备对象（ZDO）及由制造商制订的应用对象。如图 3-6 所示为 ZigBee 协议栈的体系结构图。

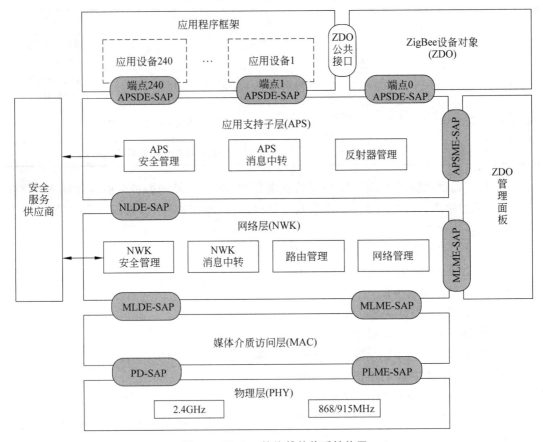

图 3-6 ZigBee 协议栈的体系结构图

1. 网络层的原理

ZigBee 网络层的主要功能就是提供一些必要的函数，确保 ZigBee 的 MAC 层正常工作，并为应用层提供合适的服务接口。

ZigBee 协议栈的核心部分在网络层。网络层主要实现节点加入或离开网络、接收或抛弃其他节点、路由查找及传送数据等功能。

网络层有如下功能。

（1）网络发现；

（2）网络形成；

（3）允许设备连接；

（4）路由器初始化；

（5）设备同网络连接；

（6）直接将设备同网络连接；

（7）断开网络连接；

（8）重新复位设备；

（9）接收机同步；

（10）信息库维护。

网络协议数据单元（NPDU），即网络层的帧结构如表 3-3 所示。

表 3-3　网络层数据包帧格式

字节：2	2	2	1	1	0/8	0/8	0/1	变长	变长
帧控制	目的地址	源地址	广播半径域	广播序列号	IEEE目的地址	IEEE源地址	多点传送控制	源路由帧	帧的有效载荷
网络层帧头								网络层的有效载荷	

（1）帧控制域中包括帧类型，协议版本，发现路由，源路由，广播，地址，安全和保留位。

（2）目的地址、源地址在网络层帧中是必须有的，其字节长度为 2。

（3）广播半径域，仅当目的地址为广播地址（0xffff）时，广播半径和广播序列号才存在。广播半径的长度为 1 个字节。每个设备接收到一次该帧，广播半径即减 1。广播半径限定了传输半径的范围。

2. 网络层管理服务功能

ZigBee 设备在工作时，各种不同的任务在不同的层次上执行，通过层的服务，完成所要执行的任务。各项服务通过服务原语来实现。每个事件由服务原语组成，它将在一个用户的某一层，通过该层的服务接入点与建立对等连接的用户的相同层之间传送。这些服务原语是个抽象的概念，它的定义与其他的任何接口无关。

在调用下层服务时，只需要遵循统一的原语规范，并不需要了解下层如何去处理原语。

层与层之间的通信原语可分为 4 种，关系如图 3-7 所示。

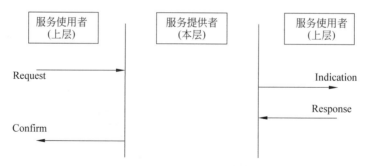

图 3-7　层与层之间的原语通信

（1）Request：请求原语，用于上层向本层请求指定的服务。

（2）Confirm：确认原语，本层用于响应上层发出的请求原语。

（3）Indication：指示原语，由本层发给上层用来指示本层的某一内部事件。

（4）Response：响应原语，用于上层响应本层发出的指示原语。

请求（Request）、响应（Response）原语分别由协议栈中处于较高位置的层向较低层发起；确认（Confirm）、指示（Indication）原语则从较低层向较高层返回结果或信息。

原语遵循"SAP 名称-原语功能. 原语类型"的书写规则，如 MLME-ASSOCIATE.

request 表示 MLME-SAP 提供的关联请求原语。

ZigBee 协调器具有建立一个新网络的功能,路由器和终端设备在网络中提供轻便支持。网路层是协议栈的核心,其功能包括网络的维护、网络层数据的发送和接收、路由的选择以及广播通信,下面来一一介绍。

(1) 网络维护之建立网络

ZigBee 协调器具有建立一个网络、维护邻居设备表、对逻辑网络地址进行分配、允许设备 MAC 层/应用层连接或断开网络的功能;路由器具有维护邻居设备表、对逻辑网络地址进行分配、允许设备 MAC 层/应用层连接或断开网络的功能;所有 ZigBee 设备都具有连接和断开网络的功能。

下面来理解一个协调器是怎么建立一个网络的。

第一步,协调器建立网络。

协调器首先通过 NLME-NETWORK-FORMATION.request 原语。

```
NLME-NETWORK-FORMATION.request (

                            Scanchannels,
                            ScanDuration,
                            beaconOrder,
                            superframeOrder,
                            BatteryLifeExtension

                            )
```

其中 Scanchannels 表示扫描信道,共 32 位。最高 5 位保留,低 27 位表示 27 个有效信道,1 表示扫描,0 表示不扫描。ScanDuration 为 16 位整型,表示扫描每个信道的时间长度。BeaconOrder 为 16 位整型,表示上层所希望形成的网络信标帧序列号。superframeOrder 为 16 位整型,表示上层所希望形成的网络超帧序号。BatteryLifeExtension 为布尔型,如果 NLME 请求协调器支持延长电池寿命的模式初始化,则设为 TURE,否则为 FALSE。

建网过程如图 3-8 所示。

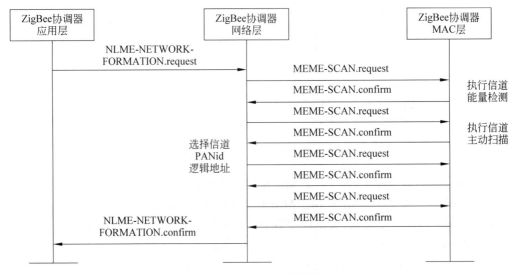

图 3-8　建立一个网络流程图

第二步,当建网过程开始后,网络层将首先请示 MAC 层对协议所规定的信道或物理层所默认的有效信道进行能量检测扫描,以检测可能的干扰。为实现能量检测扫描,设备网络层通过发送扫描类型参数设置为能量检测扫描的 MLME-SCAN. request 原语到 MAC 层进行信道能量检测扫描,扫描结果通过 MLME-SCAN. confirm 原语返回。

第三步,当网络层管理实体收到成功的能量检测扫描结果后,将以递增的方式对所测量的能量值进行信道排序,并且抛弃那些能量值超出了可允许能量水平的信道,留待进一步处理。

第四步,在相应的处理结束之后,ProcessMlmeScanConfirm 函数将通过调用 MLME-ScanRequest 函数来发起 MLME-SCAN. request 原语操作,原语中的 ScanType 参数将被设置为主动扫描,ChannelList 参数将被设置为可允许扫描的信道列表。这一步执行过程主要用来发现其他的 ZigBee 设备。

第五步,网络层管理实体根据 MLME-ScanConfirm 函数返回的结果为网络选择一个合适信道 PANId。如果不能找到合适信道,则向应用层直接返回 STARTUP-FAILURE。如果存在合适的信道,就必须为这个信道选择一个 PANId,同时要求这个 PAN 标识符不为广播 PAN 标识符 0xFFFF 并且在网络中唯一。PAN 标识符的最高两位被保留为将来使用,因此 PAN 的标识符应该小于等于 0x3FFF。

第六步,当 PANId 被选定后,网络层通过发起 MLME-SET. request 原语将此值写入 MAC 层的 macPANId 属性中。

第七步,一旦建立了一个新网络,网络层将设定 MAC 层属性 macShortAddress 的值为 0x0000,0x0000 代表网络协调器的地址。

第八步,当网络层实体选择网络地址后,将通过 MAC 层发出 MLME-START. request 原语开始运行新的个域网,原语中的参数将根据 NLME-NETWORK-FORMATION. request 原语来设置,根据信道扫描结果和所选择的 PAN 标识符来设置。启动状态通过 MLME-START. confirm 返回到网络层。

第九步,当网络层管理实体收到个域网启动状态后,将向启动 ZigBee 协调器请求状态的上层报告,即通过发出 NLME-NETWORK-FORMATION. confirm 原语来向上层报告。其原语状态参数为从 MAC 层的 MLME-START. confirm 返回的值。

(2) 如何加入网络

当设备为协调器或路由器时,才能允许设备与网络连接,通过 NLME-PERMIT-JOINING. request 原语使 ZigBee 协调器或路由器的上层设定其 MAC 层连接许可标志,在一定期间内允许其他设备同网络相连。原语参数如下:

```
NLME-PERMIT-JOINING.request (
                            PermitDuration
                            )
NLME-PERMIT-JOINING.confirm (
                            Status
                            )
```

PermitDuration 的有效范围是 0x00~0xff,表示 ZigBee 协调器允许连接的时间,以秒为单位。0x00 表示不允许,0xff 表示没有时间限制。

在一个网络中具有从属关系的设备允许一个新设备连接时,它就与新设备形成了一对父子关系。新的设备为子设备,而第一个设备为父设备。一个设备加入网络有如下三种方式。

① 联合方式加入网络:任何设备只有当它具有必要的实际性能和有效的网络地址空间时,才可以接收一个新设备的连接请求命令。通常只有 ZigBee 协调器和路由器具有实际能力。联合方式又分为两步来实现,分别是子设备加入以及父设备加入。

② 直接方式加入网络:子设备通过预先分配的父设备(ZigBee 协调器或路由器)直接同网络连接。在这种情况下,父设备将为子设备预先分配一个 64 位地址。当流程开始后,父设备的网络层管理实体首先确定所指定的设备是否已经存在于网络中。网络层管理实体将搜索它的邻居表,以确定是否有相匹配的 64 位扩展地址,如果存在,则终止该流程,并向其上层报告该设备已经存在于网络中。如果不存在,可能的话,网络层实体将为这个新设备分配一个 16 位的网络地址,且该 16 位地址在网络中是唯一的。

③ 孤点加入或重新加入网络:一个已经直接同网络连接的设备或一个以前已经同网络连接的设备,但目前该设备已同它的父设备失去联系,则它将通过孤点方式重新加入网络。一个已经同网络连接的设备为了完成建立它与其父设备的关系,应执行孤点流程。设备的应用层将决定是否开始该流程,如果开始则应用层将通过网络层打开电源。如果一个以前已经连接网络的设备,其网络层管理实体不断地收到来自于 MAC 层发送的通信失败通知,则它将开始执行孤点程序。

(3) 怎样离开网络

设备离开网络有两种形式,一种是设备自身离开网络,另一种是父设备请求子设备离开网络。

① 设备自身离开网络

ZigBee 协调器或者路由器的网络层收到 NLME-LEAVE. request 原语后,其 deviceAddress 参数等于 NULL(表明设备自己断开网络);设备将使用 MCPS-DATA. request 原语发送断开命令帧,其 DstAddr 参数设置 0xffff,表明是 MAC 广播。断开命令帧的命令域的请求子域设置为 0。删除孩子子域的值设置为 RemoveChildren。网络层管理实体接收到断开连接的状态后,将立即断开流程,并向上层报告断开连接的状态,即通过发出 NLME-LEAVE. confirm 原语向上层返回执行状态。

② 父设备请求子设备离开网络

如果 ZigBee 协调器或 ZigBee 路由器的上层调用函数 NLME-LeaveRequest 并且 Deviceaddress 参数的值为子设备的 64b IEEE 地址。NLME-LeaveRequest 函数将调用 MAC 层的 MCPS-DataRequest 函数来发送一个网络离开命令帧,DstAddr 参数设置为那个子设备的 16b 网络地址。网络离开命令帧的命令选项中的请求/指示子域将设为 1,表示请求离开网络。将网络离开命令帧中命令选项的删除该子域的值设为参数 RemoveChildren 的值。在子设备被清除后,父设备的网络层将修改它的邻居表和任何其他的指向子设备的内部数据结构,表示设备不再存在于网络中。

3. 网络层数据的发送与接收

只有和网络连接的设备才可以从网络层发送数据帧。

网络层数据帧传输用 NLDE-DATA. Request 原语来发出传输请求,并用 NLDE-DATA. confirm 原语返回请求结果。

NLDE-DATA. Request 原语如下：

```
NLDE-DATA.Request  (DstAddrMode,        //目的地址模式
DstAddr ,                               //NSDU 目的网络地址
nsdulength ,                            //发送的 NSDU 字节数
nsdu ,                                  //要发送的 NSDU
nsduHandle,                             //NSDU 相关的句柄
BroadcastRadius,                        //发送半径
DiscoverRoute,                          //是否允许路由发现
SecurityEnable                          //是否允许进行网络层安全处理
)
```

NLDE-DATA. confirm 原语如下：

```
NLDE-DATA.confirm  (
                   NsduHandle,
                   Status,              //相应请求状态
                   TxTime,              //数据包发送时间
                   )
```

构造好网络协议数据单元后，如果需要对该帧进行安全处理，则将根据安全方案对它进行安全处理。安全处理成功后返回帧，并由网络层进行传输。进行处理的帧将附加一个校验帧头。当构造好一个帧并准备好传输该帧时，通过向 MAC 层发送 MCPSD-DATA. Request 原语请求发送网络层协议数据单元，将该帧传送到 MAC 数据服务单元。其传输结果将由 MCPS-DATA. confirm 原语返回。

为了接收数据，设备必须打开接收机。在一个非信标的网络中，ZigBee 协调器或者路由器的网络层必须在最大程度上保证无论什么时候设备都不处于发射状态，并且接收机总是处于接收状态。在一个信标网络中，网络层应当确保设备在它的超帧活动期和它的父设备超帧活动期，如果不处于发射状态，就必须为接收状态。为了达到这个目的，可以将 MAC 层的 PIB 属性参数 macRxOnWhenldle 设置为 TRUE。

在 ZigBee 协议栈中，任何通信数据都是利用帧的格式来组织的。协议栈的每一层都有特定的帧结构。PHY 层：MPDU 作为 PSDU，再加上 SHR，PHR 成为 PPDU，这个 PPDU 就可以在空中传播了。如图 3-9 所示为各层帧的流程。

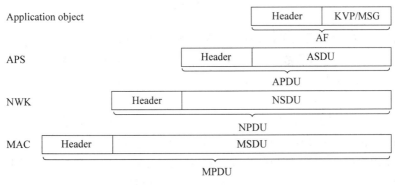

图 3-9　各层帧的流程

3.2.8 ZigBee 应用层

应用层(APL)是在 ZigBee 无线网络协议栈中最高的一层。应用层包含三个组成部分，即应用支持子层(APS)、ZigBee 设备对象(ZDO)，以及应用层框架(AF)。应用层结构如图3-10 所示。

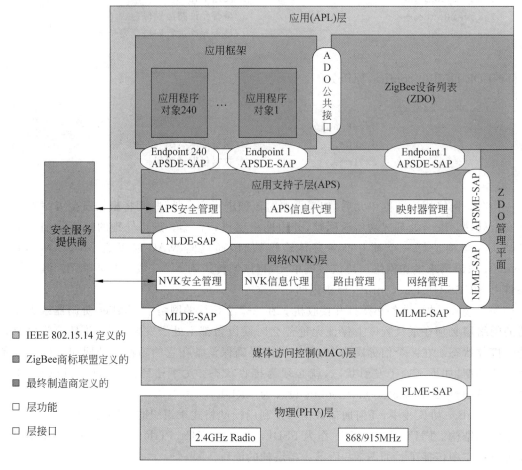

图 3-10 应用层构成

应用支持子层(APS)提供了网络层(NWK)和应用层(APL)之间的接口。该层和所有较低层相似，支持两种服务，即数据和管理服务。APS 层数据服务由 APS 数据实体(APSDE)通过 APSDE 服务接入点(APSDE-SAP)提供。管理功能由 APS 管理实体(APSME)通过 APSME 服务接入点(APSME-SAP)提供。

APS 子层的常量和属性分别始于 APSC 和 APS。APS 属性包含在 APS 信息库(APSIB 或 AIB)中。APS 常量和属性列表由 ZigBee 协议栈规范提供。

ZigBee 应用层框架(AF)是为驻扎在 ZigBee 设备中的应用对象控制和管理协议栈各层提供活动的环境。应用对象由制造商开发，也正是在这里定制了基于各种不同应用的设备。在一个设备中可以有多达 240 个应用对象。

应用对象使用 APSDE-SAP 在应用对象节点之间发送和接收数据。每个应用对象都有一个专有的终端节点地址(端点 1 端点 240)。端点 0 用于 ZDO,端点地址 255 被设置用来广播消息到所有的应用对象。设定终端地址允许多个设备共享同一频段。在 2.1.4 节的灯控制例程中,多个灯连接在同一个频段里。每个灯都有一个专用的端点地址,并且能够独立地打开或关闭。

ZigBee 设备对象(ZDO)提供了 APS 子层和应用层框架(AF)之间的接口。ZDO 包含了所有运行在 ZigBee 协议栈上的应用所共有的功能。例如,定义设备属于 ZigBee 协调器、路由器或终端设备三种逻辑类型之一就是 ZDO 的职责。ZDO 使用原语来执行它的任务,并通过 APSME-SAP 进入 APS 子层管理实体。应用层框架(AF)通过 ZDO 公共接口与 ZDO 相互作用。

1. 应用层框架(AF)

ZigBee 标准提供了在开发应用时使用应用 profiles 的选项。应用 profiles 使得不同开发商开发的基于某种特定应用的产品之间有更多的共同使用性。例如,在灯控制情景中,如果两个开发商使用同一个应用 profiles 来开发他们的产品,一个开发商制造的开关将能够打开或关闭另一个开发商制造的灯。应用 profiles 也是基于 ZigBee profiles 的。

每个应用 profiles 都由一个被称作 profile 标识符的 16 位数值所标记,只有 ZigBee 联盟能够设定 profile 标识符。开发商如果自行开发了一个 profile,他可以向 ZigBee 申请一个 profile 标识符。ZigBee 联盟评估被提议的应用 profile,如果其符合联盟准则,一个新的 profile 标识符就会被设定。应用 profiles 以与其相应的应用来命名。例如,家庭自动化应用 profile 提供一个公共平台给开发用于家庭自动化的基于 ZigBee 产品的开发商们。

应用 profile 的总体结构见图 3-11。应用 profile 包含两个主要组成部分,即簇(Clusters)和设备描述(Device Descriptions)。簇是一组整合在一起的属性。每个簇都由称为簇标识符(Cluster Identifier)的唯一 16 位数字所标记。簇中的每个属性也由称作属性标

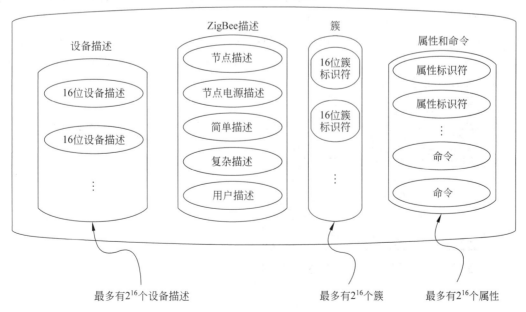

图 3-11　应用层结构

识符(Attribute Identifier)的唯一的 16 位数字所标记。这些属性用来存储数据或状态值。例如,在温度控制应用中,作为温度传感器的设备能在属性中存储当前温度数值。然后另一个作为火炉控制器的设备就能接受该属性值,并据此打开或关闭火炉。应用 profile 不包含簇本身,而是包含一个簇标识符列表。每个簇标识符都专一地指向该簇本身。

应用 profile 的另一个部分是设备描述(Device Descriptions)(如图 3-11 所示)。设备描述提供关于设备自身的信息。例如,可供使用的频率波段、设备的逻辑类型(协调器、路由器或终端设备),以及设备提供的剩余电量,都是由设备描述所提供的。每个设备描述由一个 16 位数值所标记。ZigBee 应用 profile 使用描述数据结构(Descriptor Data Structure)这一概念。正是用这一取代了包含应用 profile 数据的方法,一个 16 位数值作为指向数据所在地址的指针而被保存,该指针称为数据描述指针。当一个设备发现网络中另一个设备的出现时,设备描述就会被传送以提供关于该新设备的基本信息。

设备描述由 5 个部分组成,包括节点描述(Node Descriptor),节点电源描述(Node Power Descriptor),简单描述(Simple Descriptor),复杂描述(Complex Descriptor)和用户描述(User Descriptor)。节点描述提供诸如节点逻辑类型和制造商编码这类信息。节点电源描述决定了设备是否由电池供电,并提供当前电量。Profile 标识符和簇由简单描述提供。复杂描述是设备描述的可选部分,它包含诸如序列号和设备模型名称之类的信息。任何关于设备的附加信息都可以被用户描述所包含。用户描述可以多达 16 位 ASCII 码。例如,在灯控制应用中,安装在过道的墙上开关的用户描述区域就被读作"过道开关(Hall Switch)"。

2. ZigBee 设备对象(ZDO)

图 3-12 显示了作为接口连接 APS 子层和应用层框架的 ZigBee 设备对象(ZDO)。ZDO 负责初始化 APS、NWK 以及安全服务提供者(SSP)。与应用层框架中所定义的应用 profile 类似,也有一个定义 ZDO 的 profile,它被称为 ZigBee 设备 profile(ZDP)或简称设备 profile。设备 profile 包含设备描述和簇,但设备 profile 簇不使用属性。ZDO 自身就有结构属性,但这些属性并不包含在设备 profile 中。设备 profile 和其他任一应用 profile 之间的另一个区别在于,应用 profile 是为特定的应用而创建的,然而设备 profile 定义了所有 ZigBee 设备所支持的功能,且设备 profile 只有一个设备描述。此外簇可分为强制簇和可选簇,其中强制簇必须在 ZigBee 设备上被执行。

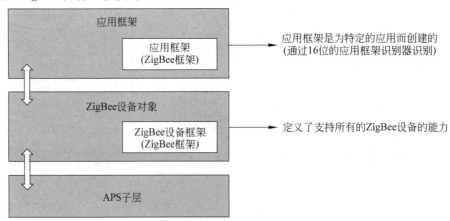

图 3-12 ZDO 表现为应用框架和 APS 子层之间的接口

3. APS 子层

应用支持子层通过 APSDE 为应用对象和设备对象提供数据服务。APSDE 接受那些从 ZDO 或是应用对象以协议数据单元(PDU)传来的数据。APSDE 加上适当的帧头即可创建一个 APS 数据帧,并被传送到网络层。

应用支持子层的管理实体(APSME)包含一些原语,用于处理三种任务,包括绑定管理,APS 信息数据库管理和组管理。绑定原语(APSME-BIND. request 和 APSME-UNBIND. request)允许上层通过在本地绑定表中创建入口请求绑定两个设备或者在绑定表中移除相应的入口来解除绑定。APSME-GET. request 和 APSME-SET. request 原语允许上层在 APS 信息库中进行读写。组管理原语用来在组表中加入或者移除节点中相应的端点。

4. APL 层职能总结

ZigBee APL 层由以下三部分组成。

(1) Application Support Sublayer(APS):应用支持子层;

(2) ZigBee Device Objects (ZDO):ZigBee 设备对象;

(3) Application Framework:应用层框架。

应用支持子层(APS)提供网络层(NWK)和应用层(APL)之间的接口。应用支持子层的职能如下。

(1) 保存绑定表;

(2) 在相互绑定的设备之间传送消息;

(3) 管理组地址;

(4) 映射 64 位 IEEE 地址到 16 位网络地址,反之亦然;

(5) 提供可靠数据传输。

ZDO 这一层利用网络层和 APS 子层服务来执行一个设备,其隶属于以下三种 ZigBee 设备之一:ZigBee 协调器,路由器,或终端设备。其职能如下。

(1) 定义网络角色;

(2) 发现网络中的设备及其应用,初始化或响应绑定请求;

(3) 执行安全相关的任务。

ZigBee 中应用层框架是应用对象运行的环境。

3.2.9　ZigBee 应用实例——无线点餐系统

餐厅 ZigBee 无线节点网络,通过在餐厅、吧台、厨房、收银台、处理中心部署的 ZigBee 节点设备构成了完整的无线通信网络,实现了信息处理的自动化。内置无线 ZigBee 通信模块的手持点餐终端,服务员通过手持的点餐终端处理顾客的点单,用户订单通过终端和大厅内的 ZigBee 网络自动地上传到厨房和收银台。无线通信系统的 ZigBee 中心节点、无线 ZigBee 路由和无线点餐终端,构成一个蜂窝状的通信网络,任何一个节点以多跳方式实现通信。其中任何一个 ZigBee 路由器,负责与中心网络的连接和数据中继转发。所有的 ZigBee 路由器组成一个蜂窝网状网络,再与 ZigBee 中心节点连接,中心节点设置在总服务台,构建成一个完整的 ZigBee 无线网络,是非常可靠的通信网络结构。无线点餐系统结构图如图 3-13 所示。

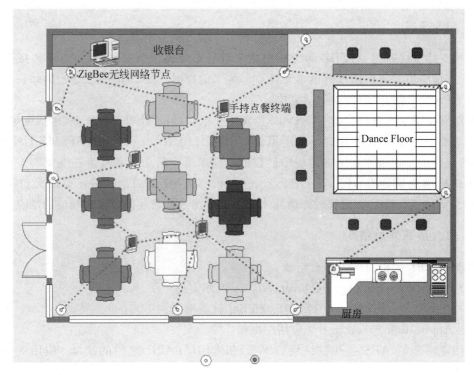

图 3-13　无线点餐系统结构图

无线点餐手持机在硬件上主要由 MSP430 16 位超低功耗单片机、CC2430 ZigBee 无线模块、24LC256 菜单存储模块、TUSB3410 RS232-USB 串口通信模块、LCD320240 显示模块、按键模块、电源及锂电池充电模块组成，其硬件系统结构如图 3-14 所示。

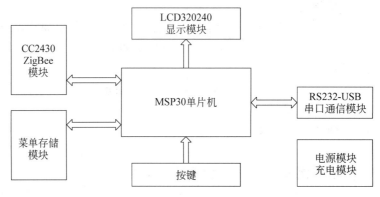

图 3-14　点餐手持机硬件系统结构图

3.3　M2M 技术

3.3.1　M2M 概述

物联网被看作是继计算机、互联网与移动通信网之后的又一次信息产业浪潮，已被世界各国当作应对经济危机、振兴经济的重点技术之一。而 M2M 技术则是物联网核心技术之一。

M2M(Machine/Man to Machine/Man)是一种以机器终端智能交互为核心的、网络化的应用与服务,可以实现数据从一台终端传送到另一台终端,完成彼此之间的连接和通信。广义上来说,M2M 可代表机器对机器、人对机器、机器对人、移动网络对机器之间的连接和通信,它涵盖了所有实现在人、机器、系统之间建立通信连接的技术和手段。M2M 不是简单地完成在机器和机器之间的数据传输,而是实现了机器和机器之间的一种智能化、交互式通信。也就是说,即使人们没有实时发出信号,机器也会根据既定程序主动进行通信,并根据所得到的数据智能地做出选择,对相关设备发出正确的指令。可以说,智能化、交互式成为了 M2M 有别于其他应用的典型特征,这一特征下的机器也被赋予了更多的"思想"和"智慧"。

M2M 技术是一种无处不在的设备互联通信新技术,从它的功能和潜在用途角度看,它让机器之间、人与机器之间实现超时空无缝连接,从而孕育出各种新颖的应用与服务。它对整个"物联网"的产生起到了积极的推动作用,未来的移动互联网将是机器的物联网。

M2M 是一种理念,也是所有增强机器设备通信和网络能力的技术的总称。人与人之间的沟通很多也是通过机器实现的,例如通过手机、电话、计算机、传真机等机器设备之间的通信来实现人与人之间的沟通。另外一类技术是专为机器和机器建立通信而设计的,如许多智能化仪器仪表都带有 RS-232 接口和 GPIB 通信接口,增强了仪器与仪器之间、仪器与计算机之间的通信能力。目前,绝大多数的机器和传感器不具备本地或者远程的通信和联网能力。

3.3.2　M2M 系统架构和通信协议

1. M2M 系统架构

M2M 业务流程涉及众多环节,其数据通信过程内部也涉及多个业务系统。如图 3-15 所示,其系统架构主要包括 M2M 终端、M2M 系统平台、应用系统三个组成部分。

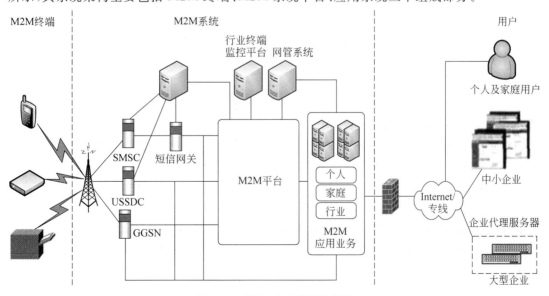

图 3-15　M2M 业务系统结构图

(1) M2M 终端

M2M 终端具有如下功能：接收远程 M2M 平台激活指令、本地故障报警、数据通信、远程升级、使用短消息/彩信/GPRS 等几种接口通信协议与 M2M 平台进行通信。M2M 终端主要有行业专用终端、无线调制解调器、手持设备三种类型。

① 行业专用终端。可以分为终端设备(TE)、无线模块(MT,移动终端)两部分。终端设备(TE)主要完成行业数字模拟量的采集和转化,主要完成数据传输、终端状态检测、链路检测及系统通信功能。终端管理模块为软件模块,可以位于 TE 或 MT 设备中,主要负责维护和管理通信及应用功能,为应用层提供安全可靠和可管理的通信服务。

② 无线调制解调器。又称为无线模块,具有终端管理模块功能和无线接入能力,用于在行业监控终端与系统间无线收发数据。

③ 手持设备。通常具有查询 M2M 终端设备状态、远程监控行业作业现场和处理办公文件等功能。

(2) M2M 系统平台

为客户提供统一的移动行业终端管理、终端设备鉴权;支持多种网络接入方式,提供标准化的接口使得数据传输简单直接;提供数据路由、监控、用户鉴权、内容计费等管理功能。

M2M 系统平台根据功能可以划分为通信接入模块、终端接入模块、应用接入模块、业务处理模块、数据库模块、Web 模块。

SMSC：短消息服务中心。

USSDC：负责建立 M2M 终端与 M2M 平台的 USSD 通信。

GGSN：负责建立 M2M 终端与 M2M 平台的 GPRS 通信,提供数据路由、地址分配及必要的网间安全机制。

行业终端监控平台：M2M 平台提供 FTP 目录,将每月统计文件存放在 FTP 目录,供行业终端监控平台下载,以同步 M2M 平台的终端管理数据。

(3) 应用系统

M2M 终端获得了信息以后,本身并不处理这些信息,而是将这些信息集中到应用平台上来,由应用系统来实现业务逻辑。应用系统的主要功能是对感知和传输来的信息进行分析和处理,做出正确的控制和决策,实现智能化的管理、应用和服务。

2. M2M 标准化工作

国际上各大标准化组织中 M2M 相关研究和标准制定工作也在不断推进。几大主要标准化组织按照各自的工作职能范围,从不同角度开展了针对性研究。欧洲电信标准化协会(ETSI)从典型物联网业务用例,例如智能医疗、电子商务、自动化城市、智能抄表和智能电网的相关研究入手,完成对物联网业务需求的分析、支持物联网业务的概要层体系结构设计以及相关数据模型、接口和过程的定义。第三代合作伙伴计划(3GPP/3GPP2)以移动通信技术为工作核心,重点研究 3G、LTE、CDMA 网络针对物联网业务提供而需要实施的网络优化相关技术,研究涉及业务需求、核心网和无线网优化、安全等领域。中国通信标准化协会(CCSA)早在 2009 年就完成了 M2M 的业务研究报告,与 M2M 相关的其他研究工作已经展开。

(1) M2M 在 ETSI 的进展概况

ETSI 是国际上较早系统展开 M2M 相关研究的标准化组织,2009 年初成立了专门的

TC 来负责统筹 M2M 的研究,旨在制定一个水平化的、不针对特定 M2M 应用的端到端解决方案的标准。其研究范围可以分为两个层面,第一个层面是针对 M2M 应用用例的收集和分析;第二个层面是在用例研究的基础上,开展应用无关的统一 M2M 解决方案的业务需求分析,网络体系架构定义和数据模型、接口和过程设计等工作。

ETSI 研究的 M2M 相关标准有十多个,具体内容包括业务需求、功能体系架构、术语和定义、应用实例研究等。

(2) M2M 在 3GPP 标准进展概况

3GPP 早在 2005 年 9 月就开展了移动通信系统支持物联网应用的可行性研究。M2M 在 3GPP 内对应的名称为机器类型通信(Machine-Type Communication,MTC)。3GPP 并行设立了多个工作项目(Work Item)或研究项目(Study Item),由不同工作组按照其领域,并行展开针对 MTC 的研究,下面按照项目的分类简述 3GPP 在 MTC 领域相关研究工作的进展情况。

FS_M2M:这个项目是 3GPP 针对 M2M 通信进行的可行性研究报告,由 SA1(负责机器类型通信业务需求方面研究的工作组)负责相关研究工作。研究报告《3GPP 系统中支持 M2M 通信的可行性研究》于 2005 年 9 月立项,2007 年 3 月完成。

NIMTC 相关课题,重点研究支持机器类型通信对移动通信网络的增强要求,包括对 GSM、UTRAN、EUTRAN 的增强要求,以及对 GPRS、EPC 等核心网络的增强要求,主要的项目如下。

① FS_NIMTC_GERAN:该项目于 2010 年 5 月启动,重点研究 GERAN 系统针对机器类型通信的增强。

② FS_NIMTC_RAN:该项目于 2009 年 8 月启动,重点研究支持机器类型通信对 3G 的无线网络和 LTE 无线网络的增强要求。

③ NIMTC:这一研究项目是机器类型通信的重点研究课题,负责研究支持机器类型终端与位于运营商网络内、专网内或互联网上的物联网应用服务器之间通信的网络增强技术。

④ FS_MTCe:支持机器类型通信的增强研究,主要负责研究支持位于不同 PLMN (Public Land Mobile Network,公用陆地移动通信网)域的 MTC 设备之间的通信的网络优化技术。

⑤ FS_AMTC:本研究项目旨在寻找 E.164 的替代,用于标识机器类型终端以及终端之间的路由消息,已于 2010 年 2 月启动。

⑥ SIMTC:支持机器类型通信的系统增强研究。

(3) M2M 在 3GPP2 的标准进展概况

为推动 CDAM 系统 M2M 支撑技术的研究,3GPP2 在 2010 年 1 月曼谷会议上通过了 M2M 的立项。建议从以下方面加快 M2M 的研究进程。

① 当运营商部署 M2M 应用时,应给运营商带来较低的运营复杂度。

② 降低处理大量 M2M 设备群组对网络的影响和处理工作量。

③ 优化网络工作模式,以降低对 M2M 终端功耗的影响等研究领域。

④ 通过运营商提供满足 M2M 需要的业务,鼓励部署更多的 M2M 应用。

3GPP2 中 M2M 的研究参考了 3GPP 中定义的业务需求,研究的重点在于 CDMA 2000 网络如何支持 M2M 通信,具体内容包括 3GPP2 体系结构增强、无线网络增强和分组数据核心网络增强。

（4）M2M 在 CCSA 的进展概况

M2M 相关的标准化工作在中国通信标准化协会中主要在移动通信工作委员会（TC5）和泛在网技术工作委员会（TC10）进行，主要工作内容如下。

① TC5WG7：完成了移动 M2M 业务研究报告，描述了 M2M 的典型应用、分析了 M2M 的商业模式、业务特征以及流量模型，给出了 M2M 业务标准化的建议。

② TC5WG9：于 2010 年立项的支持 M2M 通信的移动网络技术研究，任务是跟踪 3GPP 的研究进展，结合国内需求，研究 M2M 通信对 RAN 和核心网络的影响及其优化方案等。

③ TC10WG2：M2M 业务总体技术要求，定义 M2M 业务概念、描述 M2M 场景和业务需求、系统架构、接口以及计费认证等要求。

④ TC10WG2：M2M 通信应用协议技术要求，规定 M2M 通信系统中端到端的协议技术要求。

3.3.3　M2M 支撑技术及应用模式

1. M2M 系统框架

从数据流的角度考虑，在 M2M 技术中，信息总是以相同的顺序流动，在这个基本的框架内，涉及多种技术问题和选择。例如机器如何连成网络，使用什么样的通信方式，数据如何整合到原有或者新建立的信息系统中。

无论哪一种 M2M 技术与应用，都涉及 5 个重要的技术部分，包括机器、M2M 硬件、通信网络、中间件、应用，如图 3-16 所示。

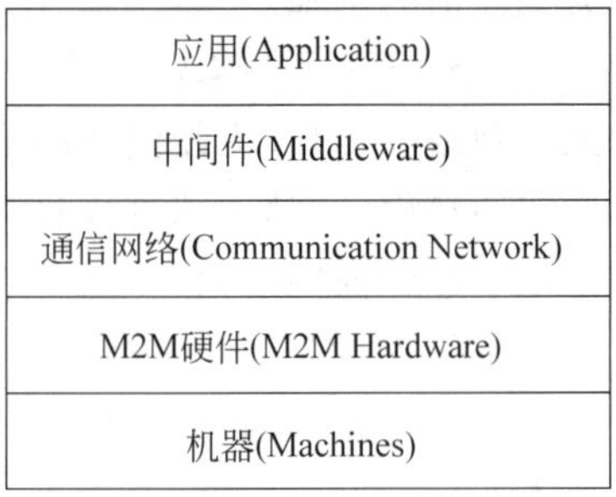

（1）机器（Machines）

实现 M2M 的第一步就是从机器或设备中获得数据，然后把它们通过网络发送出去。不同于传统通信网络中的终端，M2M 系统中的机器应该是高度智能化的机器。

（2）M2M 硬件（M2M Hardware）

图 3-16　M2M 系统架构的组成部分

M2M 硬件是使机器获得远程通信和联网能力的部件。在 M2M 系统中，M2M 硬件的功能主要是进行信息的提取，从各种机器/设备那里获取数据，并传送到通信网络中。M2M 硬件产品包括嵌入式硬件、可改装硬件、调制解调器（Modem）、传感器、识别标识（Location Tags）。

① 嵌入式硬件

嵌入到机器里面，使其具备网络通信能力。常见的产品有支持 GSM/GPRS 或 CDMA 无线移动通信网络的无线嵌入式数据模块，典型产品有诺基亚的 12 GSM，索尼爱立信的 GR 48 和 GT 48，托罗拉的 G18/G20 for GSM、C18 for CDMA，西门子的 TC45、TC35i、MC35i 等。

② 可改装硬件

在 M2M 的工业应用中，厂商拥有大量不具备 M2M 通信和联网能力的机器设备，可改装硬件就是为满足这些机器的网络通信能力而设计的。其实现形式各不相同,包括从传感器收集数据的输入/输出(I/O)部件;完成协议转换功能,将数据发送到通信网络的连接终端(Connectivity Terminals)设备;有些 M2M 硬件还具备回控功能。典型产品有诺基亚的30/31 for GSM 连接终端等。

③ 调制解调器

嵌入式模块将数据传送到移动通信网络上时,起的就是调制解调器(Modem)的作用。而如果要将数据通过有线电话网络或者以太网送出去,则需要相应的调制解调器。典型产品有 BT-Series CDMA、GSM 无线数据 Modem 等。

④ 传感器

经由传感器,让机器具备信息感知的能力。传感器可分为普通传感器和智能传感器两种。智能传感器(Smart Sensor)是指具有感知能力、计算能力和通信能力的微型传感器。由智能传感器组成的传感器网络(Sensor Network)是 M2M 技术的重要组成部分。一组具备通信能力的智能传感器以 Ad Hoc 方式构成无线网络,协作感知、采集和处理网络所覆盖的地理区域中感知对象的信息,并发布给用户。也可以通过 GSM 网络或卫星通信网络将信息传给远方的 IT 系统。典型产品如英特尔的基于微型传感器网络的"智能微尘(Smart Dust)"等。

⑤ 识别标识

识别标识(Location Tags)如同每台机器设备的"身份证",使机器之间可以相互识别和区分。常用的技术如条形码技术、射频标签 RFID 技术等。标识技术已经被广泛地应用于商业库存和供应链的管理。

(3) 通信网络(Communication Network)

通信网络在整个 M2M 技术框架中处于核心地位,包括广域网(无线移动通信网络、卫星通信网络、Internet、公众电话网)、局域网(以太网、WLAN、Bluetooth)、个域网(ZigBee、传感器网络)。移动通信网络起着重要作用,随着 LTE-4G 移动通信网络的演进,必将给 M2M 带来巨大的促进作用。

(4) 中间件(Middleware)

中间件(Middleware)包括 M2M 网关、数据收集/集成部件。M2M 网关是 M2M 系统中的"翻译员",它获取来自通信网络的数据,将数据传送给信息处理系统,主要的功能是完成不同通信协议之间的转换。数据收集/集成部件的目的是将数据变成有价值的信息。对原始数据进行不同加工和处理,并将结果呈现给需要这些信息的观察者和决策者。这些中间件包括数据分析和商业智能部件、异常情况报告和工作流程部件、数据仓库和存储部件等。

(5) 应用(Application)

在 M2M 系统中,应用的主要功能是通过数据融合、数据挖掘等技术把感知和传输来的信息进行分析和处理,为决策和控制提供依据,实现智能化的 M2M 业务应用和服务。

2. M2M 关键技术

实现 M2M 主要涉及的关键技术有传感器技术、传感器网络技术、通信网络技术、专用芯片、模块、终端技术、M2M 平台技术,以及它们之间的结合技术。

(1) 传感器负责信息的采集,是信息的源头,是 M2M 应用的基础。各种传感器的体积和信息接口存在差异性,是对 M2M 终端模块化的最大挑战。

（2）传感器网络针对传感器的特性形成了一套完整的物理层、链路层、网络层规范。常见的传感器网络相关通信技术有 ZigBee、蓝牙、Wi-Fi、IrDA、UWB 等。传感器网络智能化主要体现在 IP 化、小型化、低功耗、信息双向传递、免人工维护等特性。具有挑战性的技术难题主要是如何在低功耗下实现远距离传输，以及如何将大量传感器自动组织成网络。

（3）通信网络技术。M2M 的出现，使得除了原有人、计算机、IT 设备之外，数以亿计的 M2M 设备接入网络，这些新成员的数量和其数据交换的网络流量将会迅速增加。通信网络技术为 M2M 数据提供传送通道，如何在现有网络上进行增强、适应 M2M 业务需求（海量地址需求、低数据传输率、低移动性等）是现有 M2M 研究的重点。

（4）M2M 模块与终端之间的接口与 AT 指令集都需要进行标准化设计，并可将标准化后的管理协议栈从终端内置迁移到模块内置，以降低终端成本。

（5）M2M 平台将实现两个核心功能，一是实现对终端的远程监测和控制，帮助运营商及其客户管理各种物联网 M2M 终端；二是实现对业务数据的转发，实现对数据流的管理和备份等功能。

3. M2M 应用模式

M2M 应用分为管理流—业务流并行模式和管理流—业务流分离模式。管理流指承载 M2M 终端管理相关信息的数据流，业务流是指承载 M2M 应用相关的数据流。对于终端管理流，两种模式都由终端发送给 M2M 平台，或再由 M2M 平台转发给应用。对于业务流，在管理流—业务流并行模式下，业务流通过终端传递到 M2M 平台，再由 M2M 平台转发给 M2M 应用业务平台或者对端的 M2M 终端；在管理流—业务流分离模式下，业务流直接从终端送到 M2M 应用业务平台或者对端的 M2M 终端，不通过 M2M 平台转发。

3.3.4 M2M 业务应用与发展现状

1. M2M 业务应用

对于移动业务运营商而言，M2M 业务的战略价值在于有助于强化移动运营商之间的经营差异化，M2M 业务所处的市场是一个比较典型的蓝海市场，其市场容量是很大的；大量的 M2M 应用具有非实时或者占用带宽小的特征，对无线接入网络和核心网的压力不大，有助于提高移动运营商的网络资源利用率；在以往的信息化应用方案中增加了 M2M 业务后，将有助于针对许多行业形成更深入、更完整、更有黏着度的解决方案。M2M 业务最深层次的价值在于推动社会信息化向纵深发展，将信息化从满足面向人与人的沟通和办公业务流程的支持，深入到众多行业的生产运营末端系统，从而对"两化融合"形成有效的支撑。

M2M 业务可以广泛地应用到众多的行业中，包括车辆、电力、金融、环保、石油、个人与企业安防、水文、军事、消防、气象、煤炭、农业与林业、电梯等。

2. M2M 发展现状

国内外 M2M 应用繁多，在国内，中国电信 、中国移动、中国联通已经开始进入 M2M 市场。中国电信广州研究院 2005 年受中国电信集团委托开始立项研究 M2M 产业，并在 2005 年底对中国电信进入 M2M 产业运营模式提出建议，2006 年底完成统一 M2M 平台开发，2007 年在全国开始推广智能家居、水电抄表、远程无人彩票销售系统等业务。

中国移动在 2006 年与 Moto、华为、深圳宏电、北京标旗公司进行开发合作,其业务覆盖浙江、广东、北京、江苏和山东 5 个地区。目前中国移动正大力开拓基于 GPRS 的 M2M 行业应用市场,其产品包括煤气抄表、电力监控、销售数据传输等,应用领域包括金融、交通物流、公用事业、政府等。

中国联通 2006 年在浙江、广东、北京、江苏和山东 5 个地区开展 M2M 业务,Moto、S K、深圳宏电公司为其合作开发商,应用领域涉及电力、水利、交通、金融、气象等行业,GPRS 网络系统应用比较典型的有江苏省无锡供电局配网自动化、湖北省气象局气象监控、江西省水利监控、北京市商业银行 POS 机业务等。CDMA 网络系统开展的典型应用包括江苏省扬州供电局配网自动化、江苏省气象局的气象监控、胜利油田油井监控等。

全球主要的无线通信解决方案提供商泰利特(Telit)、西门子(Siemens)、Wavecome 等都在中国销售模块产品。其中,Telit 于 2007 年初宣布正式成立中国办事处。

在国外,法国 Orange 公司、英国 Vodafone、日本 DoCoMo 公司已进入 M2M 产业多年。2006 年 4 月,Orange 推出了一个名为"M2M 连接"的计划,为欧洲的公司提供 M2M 较低的单位数据传输价格和一系列软件工具。

Vodafone M2M 业务开展于 2002 年,目前在 M2M 市场是全球第一,提供 M2M 全球服务平台以及应用业务,为企业客户的 M2M 智能服务部署提供托管,能够集中控制和管理许多国家推出的 M2M 设备,企业客户还可通过广泛的无线智能设备收集有用的客户数据,与 Nokia、Wavecom 等开发商合作,应用领域主要在实时账务解决方案。DoCoMo 于 2004 年底启动基于 m2m-X 的商业服务。

未来几年间,M2M 业务将快速地进入很多行业,其用户数也将快速成长,M2M 也会在若干年后成为 LTE 的核心应用之一。同时,M2M 业务终端在形态和业务支持上将呈现高度的创新性和融合性,在一些行业应用中将日益支持无线接入带宽与业务的灵活调度管理,也可能与一些相邻业务实现一定程度的融合(如支持更灵活的、移动性的、机动性的视频监控、数据协同等业务),在另一些行业应用中 M2M 终端将可能与一系列的传感器和监测、控制设备深度融合。

3. 面临问题

M2M 业务具有广阔的发展前景,但现阶段还面临不少现实的难点和挑战。

(1)首先是迫切需要制定国家层面的标准(中国三大移动业务运营商正在制定的 M2M 标准也不一致)。只有在标准化的基础上,才能产生具有规模化成本效应的一系列模块和终端,才有可能产生与 M2M 的发展潜力相配套的产业格局。

(2)商业模式问题。要想通过引入 M2M 业务而真正有效地实现对客户的价值,需要对特定行业的业务流程进行深入的研究、创新和试验,而不同行业的应用方案可能差异很大、前期成本较高、资费单价较低,如何实现 M2M 产业链的共赢模式还有待探索。

(3)关键技术的挑战。传感器技术,低功耗技术,高可靠性、长寿命的终端技术,具有 QoS 的无线网络数据传输质量等均是 M2M 业务面临的重大技术问题。

(4)许多行业还存在着不同形式的行业壁垒,政策环境有待完善。

综上所述,现阶段各种形式的物联网业务中最主要、最现实的形态是 M2M 业务,M2M 业务在许多国家受到高度的重视,在一些行业中已经或将率先得到规模化的应用,并逐渐地影响更多的行业。

3.4 射频识别技术

3.4.1 射频识别技术概述

随着高科技的蓬勃发展,智能化管理已经走进了人们的社会生活,一些门禁卡、第二代身份证、公交卡、超市的物品标签等卡片正在改变人们的生活方式。其实秘密就在于这些卡片都使用了射频识别技术,可以说射频识别已成为人们日常生活中最简单的身份识别系统。RFID 技术带来的经济效益已经开始呈现在世人面前。RFID 是结合了无线电、芯片制造及计算机等学科的新技术。

1. 射频识别的定义

射频识别是一种非接触式的自动识别技术,它利用射频信号及其空间耦合的传输特性,实现对静止或移动物品的自动识别。射频识别常称为感应式电子芯片或近接卡、感应卡、非接触卡、电子标签、电子条码等。电子标签具有免用电池、免接触、不怕脏污,且芯片密码为世界唯一,无法复制,安全性高、寿命长等特点。所以,RFID 标签可以贴在或安装在不同物品上,由安装在不同地理位置的阅读器读取存储于标签中的数据,实现对物品的自动识别。

2. 射频识别技术特点

RFID 技术的主要特点是通过电磁耦合方式来传送识别信息,不受空间限制,可快速地进行物体跟踪和数据交换。由于 RFID 需要利用无线电频率资源,必须遵守无线电频率管理的诸多规范。具体来说,与同期或早期的接触式识别技术相比较,RFID 还具有如下特点。

(1) 数据的读写功能。只要通过 RFID 阅读器,不需要接触即可直接读取射频卡内的数据信息到数据库内,且一次可处理多个标签,也可以将处理的数据状态写入电子标签。

(2) 电子标签的小型化和多样化。RFID 在读取上并不受尺寸大小与形状的限制,不需要为了读取的精确度而配合纸张的固定尺寸和印刷品质。此外,RFID 电子标签更可向小型化发展,便于嵌入到不同物品内。因此,可以更加灵活地控制物品的生产和控制,特别是在生产线上的应用。

(3) 耐环境性。RFID 最突出的特点是可以非接触读写(读写距离可以从十厘米至几十米)、可识别高速运动物体,抗恶劣环境,且对水、油和药品等物质具有强力的抗污性。RFID可以在黑暗或脏污的环境之中读取数据。

(4) 可重复使用。由于 RFID 为电子数据,可以反复读写,因此可以回收标签重复使用,提高利用率,降低电子污染。

(5) 穿透性。RFID 即便是被纸张、木材和塑料等非金属、非透明材质包覆,也可以进行穿透性通信。但是它不能穿过铁质等金属物体进行通信。

(6) 数据的记忆容量大。数据容量会随着记忆规格的发展而扩大,未来物品所需携带的数据量会愈来愈大,对卷标所能扩充容量的需求也会增加,对此 RFID 将不会受到限制。

(7) 系统安全性。将产品数据从中央计算机中转存到标签上将为系统提供安全保障,大大地提高系统的安全性。射频标签中数据的存储可以通过校验或循环冗余校验的方法来得到保证。

射频标签的最大的优点就在于非接触,因而完成识别工作时无须人工干预,适于实现自动化且不易损坏,可识别高速运动物体并可同时识别多个射频标签,操作快捷方便。射频标签能应用于油渍、灰尘污染等恶劣环境中,短距离的射频标签可以在这些环境中替代条形码,例如射频标签可用于工厂的流水线上以跟踪物体。远距离的 RFID 产品多用于交通上,其通信距离可达几十米,如自动收费或车辆识别系统。RFID 识别的缺点是标签成本相对较高,而且一般不能随意扔掉;而多数条形码扫描寿命结束时可扔掉。

3.4.2 RFID 系统组成和工作原理

1. RFID 系统的构成

一般来说,射频识别系统包含射频标签、阅读器和数据管理系统三部分。其中,射频标签由天线及芯片组成,每个芯片都含有唯一的识别码,一般保存有约定格式的电子数据,在实际应用中,射频标签粘贴在待识别物体的表面;阅读器是可非接触地读取和写入标签信息的设备,它通过网络与其他计算机系统进行通信,从而完成对射频标签信息的获取、解码、识别和数据管理,可设计为手持式或固定式;数据管理系统主要完成数据信息的存储和管理,并可以对标签进行读写控制。数据管理系统可以由简单的小型数据库担当,也可以是集成了 RFID 管理模块的大型 ERP(企业资源规划)数据库管理软件。

射频识别(RFID)技术是利用无线电波或微波能量进行非接触双向通信,来实现识别和数据交换功能的自动识别系统。射频识别系统的组成结构如图 3-17 所示。其中,射频标签与阅读器之间通过耦合元件实现射频信号的空间(非接触)耦合。在耦合通道内,根据时序关系,实现能量的传递和数据的交换。

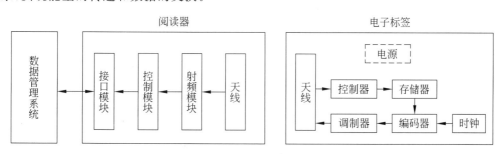

图 3-17 RFID 系统结构

(1) 射频标签

射频标签是 RFID 系统真正的数据载体。一般情况下,射频标签由标签天线和标签专用芯片组成。

每个标签具有唯一的电子编码,附着在物体目标对象上。标签相当于条形码技术中的条形码符号,用来存储需要识别和传输的信息。与条形码不同的是,射频标签必须能够自动或在外力的作用下,把存储的信息发射出去。射频标签可以像纸一样薄,柔韧、可弯曲、可编程,射频标签内编写的程序可按特殊的应用随时进行读取和改写。射频标签可以存储一些相关人员的数据信息,这些人员的信息可依据需要分别进行管理,并可随不同的需要制作新标签。射频标签中的内容被改写的同时,也可被永久锁死保护起来。通常标签芯片体积很小,厚度一般不超过 0.35mm,可以印制在纸张、塑料、木材、玻璃、纺织品等包装材料上,也可以直接制作在商品标签上。

依据射频标签供电方式的不同,射频标签可以分为有源射频标签和无源射频标签。有源射频标签内装有电池,无源射频标签内部没有电池。对于有源射频标签来说,根据标签内装电池供电情况的不同,又可细分为有源射频标签和半无源射频标签。有源射频标签的工作电源完全由内部电池供给,同时标签电池的能量供应也部分地转换为射频标签与阅读器通信所需的射频能量。

从功能方面来看,可将射频标签分为 4 种:只读标签、可重写标签、带微处理器标签和配有传感器的标签。

按调制方式分,射频标签还可分为主动式标签和被动式标签。主动式标签用自身的视频能量主动发送能量给阅读器,主要用于有障碍物的情况下;被动式标签使用调制散射方式发射数据,它必须利用阅读器的载波来调制自己的信号,适用于门禁考勤或交通管理领域。

(2) 阅读器

阅读器是负责读取或写入标签信息的设备,阅读器可以是单独的载体,也可以作为部件嵌入到其他系统中。它可以单独实现数据读写、显示和处理等功能,也可以与计算机或其他系统进行联合,完成对射频标签的操作。根据支持的标签类型的不同与完成的功能的不同,阅读器的复杂程度是不同的。阅读器的基本功能就是提供与射频标签进行数据传输的途径。同时,阅读器还可提供相当复杂的信号状态控制、奇偶错误校验与更正等功能,因而射频标签中除了存储需要传输的信息外,还必须包含有一定的附加信息,如错误校验信息等。

典型的阅读器包含控制模块、射频模块、接口模块以及阅读器天线。此外,许多阅读器还有附加的接口(RS232\RS485\以太网接口等),以便将所获得的数据传送给应用系统或从应用系统中接收命令。

一旦到达阅读器的信息被正确地接收和解码后,阅读器通过特定的算法决定是否需要发射器对信号进行重发,或者指示发射器停止发信号,这就是命令响应协议。使用这种协议,可以在很短的时间、很小的空间内识别多个标签,也可以有效地防止欺骗问题的产生。

(3) 数据管理系统

数据管理系统主要完成数据信息的存储、管理以及对射频标签进行读写控制,数据管理系统可以是市面上现有的各种大小不一的数据库或供应链系统,用户还能够买到面向特定行业的、高度专业化的库存管理数据库,或者把 RFID 系统作为整个企业资源计划系统(ERP)的一部分。写入数据一般来说是离线完成的,也就是预先在标签中写入数据,等到开始应用时直接把标签粘附在被标识物体上。也有一些 RFID 应用系统,写数据是在线完成的,尤其是在生产环境中将信息作为交互式便携数据文件来处理的情况下。

2. RFID 系统工作原理

RFID 系统的基本工作原理是:阅读器通过发射天线发送一定频率的射频信号,当附着标签的目标对象进入发射天线工作区域时会产生感应电流,射频标签凭借感应电流所获得的能量发送出存储在芯片中的产品信息,或者主动发送某一频率的信号;射频标签将自身编码等信息通过内置发送天线发送出去;系统接收天线接收到从射频标签发送来的载波信号,经天线调节器传送到阅读器,阅读器对接收的信号进行解调和解码后,送到数据管理系统进行相关处理;数据管理系统根据逻辑运算判断该射频标签的合法性,针对不同的设置做出相应的处理和控制,发出指令信号,控制执行机构动作。

在耦合方式(电感/电磁)、通信流程、从射频标签到阅读器的数据传输方法(负载调制、反向散射、高次谐波)以及频率范围等方面,不同频率的 RFID 系统,其数据传输方式存在根本的区别,但所有的阅读器在功能原理以及由此决定的设计构造上都很相似。所有阅读器均可简化为高频接口和控制单元两个基本模块。高频接口包含发送器和接收器,其功能包括产生高频发射功率以启动射频标签并提供能量;对发射信号进行调制,用于将数据传送给射频标签;接收并解调来自射频标签的高频信号。

从电源供应方式看,RFID 系统分为有源和无源两类,即有源和无源 RFID 系统,有源 RFID 系统的射频标签由电源提供能量;无源 RFID 系统的射频标签则没有电池,射频标签工作的能量由阅读器发出的射频信号提供。无源 RFID 系统读写距离比有源 RFID 系统要近,但由于其射频标签具有结构简单、成本低、寿命长等优点,近年来发展较快。

从电子标签到阅读器之间的通信及能量感应方式来看,系统一般可以分成两类,即电感耦合(Inductive Coupling)系统和电磁反向散射耦合(Backscatter Coupling)系统。电感耦合通过空间高频交变磁场实现耦合,依据的是电磁感应定律;电磁反向散射耦合,即雷达原理模型,发射出去的电磁波碰到目标后反射,同时携带回目标信息,依据的是电磁波的空间传播定律。

电感耦合方式一般适用于中、低频工作的近距离射频识别系统,典型的工作频率有 125kHz 和 13.56MHz。利用电感耦合方式的识别系统作用距离一般小于 1m,典型的作用距离为 0~20cm。

电磁反向散射耦合方式一般适用于高频、微波工作的远距离射频识别系统,典型的工作频率有 433MHz、915MHz、2.45GHz 和 5.8GHz。识别作用距离大于 1m,其典型的作用距离为 4~6m。

(1) 电感耦合 RFID 系统

RFID 的电感耦合工作方式对应于 ISO/IEC 14443 协议。电感耦合电子标签由一个数据作载体,通常由单个微芯片以及用作天线的大面积的线圈等组成。系统工作原理如图 3-18 所示,电感耦合方式的电子标签几乎都是无源工作的,在标签中的微芯片工作所需的全部能量由阅读器发送的感应电磁能提供。高频的强电磁场由阅读器的天线线圈产生,并穿越线圈横截面积和线圈的周围空间,以使附近的电子标签产生电磁感应。因为使用额定频率范围($f < 135\mathrm{kHz}$ 时,$\lambda > 2222\mathrm{m}$;$f = 13.56\mathrm{MHz}$ 时,$\lambda = 22.1\mathrm{m}$)内的波长比阅读器天线和电子标签天线之间的距离大好多倍(对于电感耦合工作方式的 RFID 系统的阅读器天线和电子标签天线之间的距离不超过 10cm),所以可以把电子标签到天线间的电磁场当作简单的交变磁场考虑。

① 能量供应

电磁耦合方式的电子标签几乎都是无源的,能量(电源)从阅读器获得。由于阅读器产生的磁场强度受到电磁兼容性能有关标准的严格限制,因此系统的工作距离较近。

在如图 3-18 所示的阅读器中,U_s 为射频信号源,L_1 和 C_r 构成谐振回路(谐振于 U_s 的频率),R_1 是电感线圈 L_1 的损耗电阻。U_s 在 L_1 上产生高频电流 i,谐振时高频电流 i 最大,高频电流产生的磁场穿过线圈,并有部分磁力线穿过与阅读器电感线圈 L_1 相距一定距离的

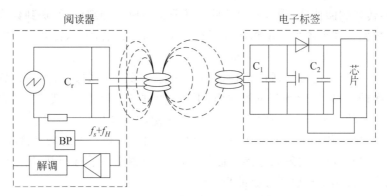

图 3-18　电感耦合型 RFID 系统

电子标签线圈 L_2。由于所有工作频率范围内的波长比阅读器和电子标签线圈之间的距离大很多,所以两线圈之间的电磁场可以视为简单的交变磁场。

穿过电子标签天线线圈 L_2 的磁力线通过感应,在 L_2 上产生电压,通过 V_D 和 C_2 整流滤波后,即可产生应答器工作所需的直流电压。L_2 和电容 C_1 构成振荡回路,调谐到阅读器的发射频率。通过该回路的谐振,电子标签线圈上的电压 U_2 达到最大值。

电感线圈 L_1、L_2 可以看作变压器初次级线圈,不过它们之间的耦合很弱。阅读器和电子标签之间的功率传输效率与工作频率 f、电子标签线圈的匝数 n 及包围的面积 A、两线圈的相对角度以及它们之间的距离是成比例的。

因为电感耦合系统的效率不高,所以只适合于低电流电路。只有功耗极低的只读电子标签(小于 135kHz)可用于 1m 以上的距离。具有写入功能和复杂安全算法的电子标签的功率消耗较大,因而其一般的作用距离为 15cm。

② 数据传输

电子标签与阅读器的数据传输采用负载调制,电感耦合是一种变压器耦合,即作为初级线圈的阅读器和作为次级线圈的电子标签之间的耦合。只要线圈之间的距离不超过 0.16λ,并且电子标签处于发送天线的近场范围内,变压器耦合就有效。

如果把谐振的电子标签放入阅读器天线的交变磁场,那么电子标签就可以从磁场获得能量。电子标签的二进制数据编码信号控制开关器件,使其电阻发生变化,从而使电子标签线圈上的负载电阻按二进制编码信号的变化而改变。负载的变化通过 L_2 映射到 L_1,使 L_1 的电压也按二进制编码规律变化。该电压的变化通过滤波放大和调制解调电路,恢复电子标签的二进制编码信号,这样,阅读器就获得了电子标签发出的二进制数据信息。

(2) 电磁反向散射 RFID 系统

① 反向散射调制

雷达技术为 RFID 的反向散射耦合方式提供了理论和应用基础。电磁波从天线向周围空间发射,会遇到不同的目标。到达目标的电磁波能量的一部分(自由空间衰减)被目标吸收,另一部分以不同的强度散射到各个方向上去。反射能量的一部分最终会返回发射天线,称为回波。天线接收回波之后,对接收信号进行放大和处理,即可获得目标的有关信息。

一个目标反射电磁波的频率由反射横截面来确定。反射横截面的大小与一系列的参数有关,如目标的大小、形状和材料,电磁波的波长和极化方向等。由于目标的反射性能通常随频率的升高而增强,所以 RFID 反向散射耦合方式采用特高频和超高频,电子标签和阅读器的距离大于 1m。

RFID 反向散射耦合方式的原理框图如图 3-19 所示,阅读器、电子标签和天线构成一个收发通信系统。

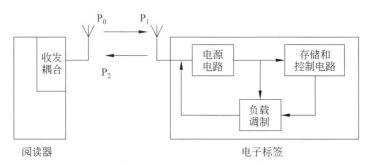

图 3-19 电磁反向散射 RFID 系统

② 电子标签的能量供给

无源电子标签的能量由阅读器提供,阅读器天线发射的功率 P_0 经自由空间衰减后到达电子标签,设到达功率为 P_1。P_1 中被吸收的功率送入电子标签中的电源电路后形成电子标签的工作电压。

在 UHF 和 VHF 频率范围,有关电磁兼容的国际标准对阅读器所能发射的最大功率有严格的限制,因此在有些应用中,电子标签采用完全无源方式会有一定困难。为解决电子标签的供电问题,可在电子标签上安装附加电池。为防止电池不必要的消耗,电子标签平时处于低功耗模式,当电子标签进入阅读器的作用范围时,电子标签由获得的射频功率激活,进入工作状态。

③ 电子标签至阅读器的数据传输

由阅读器传到电子标签的功率 P_1 的一部分被天线反射,反射功率 P_2 经自由空间后返回阅读器,被阅读器天线接收。接收信号经收发耦合器电路传输到阅读器的接收通道,被放大后经处理电路获得有用信息。

电子标签天线的反射性能受连接到天线的负载变化的影响,因此,可采用相同的负载调制方法实现反射的调制。其表现为反射功率 P_2 是振幅调制信号,它包含存储在电子标签中的识别数据信息。

④ 读写器至应答器的数据传输

阅读器至电子标签的命令及数据传输,应根据 RFID 的有关标准进行编码和调制,或者按所选用电子标签的要求进行设计。

(3) 声表面波标签的识别原理

声表面波(SAW)是传播于晶体表面的一种机械波,其声速仅为电磁波速的十万分之一,传播衰耗很小。声表面波器件的功能部分,是采用现代微电子技术在表面抛光的压电材料基片上制作的换能器(IDT)、反射体和耦合栅等金属电极结构,基于(逆)压电效应,射频信号在经历电磁波-声表面波-电磁波的换能过程中得到处理,达到预定功能要求。以高频谐振器、带通滤波器为代表的现代声表面波器件,具有体积小、重量轻、可靠性高、一致性好、功能多以及设计灵活等优点,已成为现今民用、商用和军用的电子关键元器件。

SAW 标签由换能器和若干反射器组成,如图 3-20 所示,换能器的两条总线与电子标签的天线相连接。阅读器天线周期地发送高频询问脉冲,在电子标签天线的接收范围内,被接收到的高频脉冲通过换能器转变成声表面波并在晶体表面传播,转换的工作原理是利用压电感知材料在电场作用时的膨胀和收缩效应。这种表面波纵向通过基片,一部分表面波被每个分布在基片上的反射器反射并返回到换能器,换能器又将反射声脉冲串转变成高频电脉冲串。如果将反射器组按某种特定的规律设计,使其反射信号表示规定的编码信息,那么阅读器收到的反射高频电脉冲串就带有该物品的特定编码,通过解调与处理,即可达到自动识别的目的。

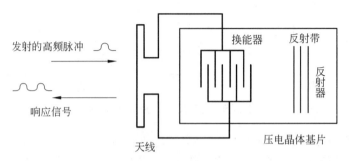

图 3-20 声表面波标签

由于基片上的表面波传播速度缓慢,在阅读器的射频脉冲序列电信号发送后,经过约1.5ms 的滞后时间,从声表面波标签返回的第一个应答脉冲才到达。这是表面波标签时序方式的重要优点。因为在阅读器周围所处环境中的金属表面上的反向信号以光速返回到阅读器天线(例如,与阅读器相距 100m 处的金属表面反射信号,在阅读器天线发射之后 0.6ms 就能返回阅读器),所以当声表面波标签信号返回时,阅读器周围的所有金属表面反射都已消失,不会干扰返回的应答信号。

声表面波标签的数据存储能力和数据传输取决于基片的尺寸和反射带之间所能实现的最短间隔,实际上,16～32b 的数据传输率大约为 500Kb/s。

声表面波 RFID 系统的作用距离主要取决于阅读器所能允许的发射功率,在 2.45GHz下,作用距离可达到 1～2m。

由于 SAW 器件本身工作在射频波段,无源且抗电磁干扰能力强,因此 SAW 技术实现的电子标签具有一定的独特优势,是对集成电路(IC)技术的补充。它的主要特点如下。

① 读取范围大且可靠,可达数米。

② 可使用在金属和液体产品上。

③ 标签芯片与天线匹配简单,制作工艺成本低。

④ 不仅能识别静止物体,而且能识别速度达 300km/h 的高速运动物体。

⑤ 可在高温差(−100℃～300℃)、强电磁干扰等恶劣环境下使用。

SAW 电子标签技术应用领域非常广泛,包括物流管理、路桥收费、公共交通、门禁控制、防伪、农场的健康与安全监控识别、超市防盗和收费、航空行李分拣、邮包跟踪、工厂装配流水线控制和跟踪、设备和资产管理、体育竞赛等。

SAW 标签也使用于压力、应力、扭曲、加速度和温度变化等变化参数的测量,如铁路红外轴温探测系统的热轴定位、轨道衡、超偏载检测系统、汽车轮胎压力等。

3. RFID 系统的性能指标

可读写 RFID 系统主要有以下几个性能指标:射频标签存储容量、工作方式、数据传输速率、有效识别距离、多个标签识别能力、射频载波频率、系统的连通性、安全要求及电子标签的封装形式等。

（1）射频标签存储容量

在 RFID 系统中有两种不同的数据存储情况，一种是标签能存储的数据很小，被询问的电子器件只是标识物品的一些基本情况，这种数据被称为唯一签名，这种标签十分便宜但用途有限；另一种情况是标签能存储更多的数字信息，阅读器可以直接从标签检索信息，无须参考中央数据库。这种标签比较贵，但应用范围比较广阔。

应用范围的扩大意味着系统存储容量的扩大。一般而言，只读载码体的存储容量为20b。有源读/写载码体的存储容量从 64B 到 32KB 不等，也就是说在可读写载码体中可以存储数页文本。这足以装入载货清单和测试数据，并允许系统扩展。无源读写载码体的存储空间从 48B 到 736B 不等，它有许多有源读写系统所不具有的特性。

（2）工作方式

射频识别系统的基本工作方式分为全双工（Full Duplex）和半双工（Half Duplex）系统以及时序（SEQ）系统。全双工表示射频标签与读写器可在同一时刻互相传送信息。半双工表示射频标签与阅读器之间可以双向传送信息，但在同一时刻只能在一个方向传送信息。

在全双工和半双工系统中，射频标签的响应是在阅读器发出电磁场或电磁波的情况下发送出去的。因为与阅读器本身的信号相比，射频标签的信号在接收天线上是很弱的，所以必须使用合适的传输方法，以便把射频标签的信号与阅读器的信号区别开来。在实践中，人们对从射频标签到阅读器的数据传输一般采用负载反射调制技术将射频标签数据加载到反射回波上（尤其是针对无源射频标签系统）。

时序方法则与之相反，阅读器辐射出的电磁场短时间周期性地断开。这些间隔被射频标签识别出来，并被用于从射频标签到阅读器的数据传输。其实，这是一种典型的雷达工作方式。时序方法的缺点是在阅读器发送间歇时，射频标签的能量供应中断，这就必须通过装入足够大的辅助电容器或辅助电池进行补偿。

（3）数据传输速率

对于大多数数据采集系统来说，数据传输速度是非常重要的因素。数据传输速率分为只读速率、无源读写速率和有源读写速率三种。

① 只读速率

RFID 只读系统的数据传输速率取决于代码的长度、射频标签数据发送速率、读写距离、载码体与天线间载波频率以及数据传输的调制技术等因素。传输速率随实际应用中产品种类的不同而不同。例如，EMS 只读系列传输速率为 20b/帧，8750b/s。

② 无源读写速率

无源读写 RFID 系统的数据传输速率决定因素与只读系统一样，不过除了要考虑从载码体上读数据外，还要考虑往载码体上写数据。传输速率随实际应用中产品种类的不同而有所变化。

③ 有源读写速率

有源读写 RFID 系统的数据传输速率决定因素与无源系统一样，不同的是无源系统需要激活射频标签上的电容充电来通信。很重要的一点是，一个典型的低频读写系统的工作速率仅为 100B/s 或 200B/s。这样，由于在一个站点上可能会有数百字节数据需要传送，数据的传输时间就会需要数秒，可能会比整个机械操作的时间还要长。

（4）有效识别距离

影响阅读器识别电子标签有效距离的因素很多，主要包括以下因素：阅读器的发射功率、系统的工作频率和电子标签的封装形式等。

其他条件相同时，低频系统的识别距离最近，其次是中高频系统、微波系统，微波系统的识别距离最远。

射频识别系统的有效识别距离和阅读器的射频发射功率成正比。发射功率越大，识别距离也就越远。但是电磁波产生的辐射超过一定的范围时，就会对环境和人体产生有害的影响。因此，在电磁功率方面必须遵循一定的功率标准。

电子标签的封装形式也是影响系统识别距离的原因之一。电子标签的天线越大，即电子标签穿过阅读器的作用区域内所获取的磁通量越大，存储的能量也越大，有效识别距离就越远。

现有读写系统的读写范围从小于 2.5 厘米到超过 70 多厘米不等，使用频率 13.56MHz 的读写系统读写范围更可达到 8 英尺。通常在 RFID 的应用中，选择恰当的天线，即可适应长距离读写的需要。

（5）多标签识别能力

由于识别距离的增加，在实际应用中有可能在识别区域中同时出现多个射频标签的情况，从而对系统提出了多标签识别的需求。目前先进的射频识别系统均将多标签识别问题作为系统的一个重要特征。

（6）射频载波频率

射频系统的工作频率是射频识别技术系统最基本的技术参数之一。工作频率的选择在很大程度上决定了电子标签的应用范围、技术可行性以及系统成本的高低。

射频识别系统归根到底是一种无线电传播系统，它必须占据一定的空间通信通道。在空间通信通道中，射频信号只能以电磁耦合或电磁反射的形式表现出来，因此，射频识别系统的性能必然会受到电磁波空间传输特性的影响。

在人们的日常生活中，电磁波无处不在，如飞机的导航、电台的广播、军事应用等，无处不用到电磁波。每个国家和地区都对电磁频率的使用实行了许可证制度，中国由国家无线电管理委员会（简称无委会）进行统一管理。因此，无线电产品的生产和使用都必须得到国家许可。

工作在不同频段或频点上的射频标签具有不同的特点。射频识别应用占据的频段或频点在国际上有公认的划分，即位于 ISM 波段之中。典型的工作频率有 125kHz，133kHz，13.56MHz，27.12MHz，433MHz，902～928MHz，2.45GHz，5.8GHz 等。

① 低频段射频标签

低频段射频标签，简称为低频标签，其工作频率范围为 30 ～ 300kHz。典型工作频率有 125kHz，133kHz。低频标签一般为无源标签，其工作能量通过电感耦合方式从阅读器耦合线圈的辐射近场中获得。低频标签与阅读器之间传送数据时，低频标签需位于阅读器天线辐射的近场区内。低频标签的阅读距离一般情况下小于 1 米。

低频标签的典型应用有动物识别、容器识别、工具识别、电子闭锁防盗（带有内置应答器的汽车钥匙）等。与低频标签相关的国际标准有 ISO 11784/11785（用于动物识别）、ISO 18000-2（125～135kHz）。低频标签有多种外观形式，应用于动物识别的低频标签外观有项圈式、耳牌式、注射式、药丸式等。典型应用的动物有牛、信鸽等。

② 高频段射频标签

高频段射频标签的工作频率一般为 $3 \sim 30\mathrm{MHz}$。典型工作频率为 $13.56\mathrm{MHz}$。该频段的射频标签,从射频识别应用角度来说,因其工作原理与低频标签完全相同,即采用电感耦合方式工作,所以宜将其归为低频标签类中。另一方面,根据无线电频率的一般划分,其工作频段又称为高频,所以也常将其称为高频标签。鉴于该频段的射频标签可能是实际应用中最大量的一种射频标签,因而只要将高、低理解成一个相对的概念,就不会在此造成理解上的混乱。

③ 超高频与微波标签

超高频与微波频段的射频标签,简称为微波射频标签,其典型工作频率为 $433.92\mathrm{MHz}$、$862(902)\sim928\mathrm{MHz}$、$2.45\mathrm{GHz}$、$5.8\mathrm{GHz}$。微波射频标签可分为有源标签与无源标签两类。工作时,射频标签位于阅读器天线辐射场的远区场内,标签与阅读器之间的耦合方式为电磁耦合方式。阅读器天线辐射场为无源标签提供射频能量,将有源标签唤醒。相应的射频识别系统阅读距离一般大于 $1\mathrm{m}$,典型情况为 $4\sim6\mathrm{m}$,最大可达 $10\mathrm{m}$ 以上。阅读器天线一般均为定向天线,只有在阅读器天线定向波束范围内的射频标签才可被读/写。

（7）系统的连通性

作为自动化系统的发展分支,RFID 技术必须能够集成现存的和发展中的自动化技术。重要的是,RFID 系统应该可以直接与个人计算机、可编程逻辑控制器或工业网络接口模块（现场总线）相连,从而降低安装成本。连通性使 RFID 技术能够提供灵活的功能,易于集成到广泛的工业应用中去。

（8）安全要求

安全要求一般指的是加密和身份认证。对一个计划中的射频识别系统应该就其安全要求做出非常准确的评估,以便从一开始就排除在应用阶段可能会出现的各种危险攻击。为此,要分析系统中存在的各种安全漏洞、攻击出现的可能性等。

（9）电子标签的封装形式

针对不同的工作环境,电子标签的大小、形式决定了电子标签的安装与性能的表现,电子标签的封装形式也是需要考虑的参数之一。电子标签的封装形式不仅影响到系统的工作性能,而且影响到系统的安全性能和美观。

对射频识别系统性能指标的评估十分复杂,影响到射频识别系统整体性能的因素很多,包括产品因素、市场因素以及环境因素等。

4. RFID 系统的特点

RFID 是一项易于操控、简单实用且特别适合用于自动化控制的灵活性应用技术,识别工作无须人工干预,它既可支持只读工作模式也可支持读写工作模式,且无须接触或瞄准;可自由工作在各种恶劣环境下。短距离射频产品不怕油渍、灰尘污染等恶劣的环境,可以替代条码,例如用在工厂的流水线上跟踪物体;长距射频产品多用于交通,识别距离可达几十米,如自动收费或识别车辆身份等。其所具备的独特优越性是其他识别技术无法企及的。

RFID 系统主要有以下几个特点。

（1）读取方便快捷：数据的读取比较方便,甚至可以透过外包装来进行。有效识别距离更大,采用自带电池的主动标签时,有效识别距离可达到 30 米以上。

（2）识别速度快：标签一进入磁场,阅读器就可以即时读取其中的信息,而且能够同时处理多个标签,实现批量识别。

(3) 数据容量大:数据容量最大的二维条形码(PDF417)最多也只能存储 2725 个数字,若包含字母,存储量则会更少;RFID 标签则可以根据用户的需要扩充到数十 K。

(4) 使用寿命长,应用范围广:其无线电通信方式,使其可以应用于粉尘、油污等高污染环境和放射性环境,而且其封闭式包装使得其寿命大大超过印刷的条形码。

(5) 标签数据可动态更改:利用编程器可以写入数据,从而赋予 RFID 标签交互式便携数据文件的功能,而且写入时间相比打印条形码更少。

(6) 更好的安全性:不仅可以嵌入或附着在不同形状、类型的产品上,而且可以为标签数据的读写设置密码保护,从而具有更高的安全性。

(7) 动态实时通信:标签以每秒 50～100 次的频率与解读器进行通信,所以只要 RFID 标签所附着的物体出现在解读器的有效识别范围内,就可以对其位置进行动态的追踪和监控。

3.4.3　RFID 标准体系结构

1. RFID 标准化工作简介

RFID 是从 20 世纪 80 年代开始逐渐走向成熟的一项自动识别技术。近年来由于集成电路的快速发展,RFID 标签的价格持续减低,因而在各个领域的应用发展十分迅速。为了更好地推动这一新产业的发展,国际标准化组织 ISO、以美国为首的电子产品代码环球协会(EPCglobal)、日本的泛在 ID(UID)等标准化组织纷纷制定 RFID 相关标准,并在全球积极推广这些标准。

(1) ISO 制定的 RFID 标准体系

RFID 标准化工作最早可以追溯到 20 世纪 90 年代。1995 年国际标准化组织 ISO/IEC 联合技术委员会 JTCI 设立了子委员会 SC31(以下简称 SC31),负责 RFID 标准化研究工作。负责研究的 RFID 标准可以分为 4 个方面:数据标准(如编码标准 ISO/IEC 15691、数据协议 ISO/IEC 15692、ISO/IEC 15693,解决了应用程序、标签和空中接口多样性的要求,提供了一套通用的通信机制)、空中接口标准(ISO/IEC 18000 系列)、测试标准(性能测试 ISO/IEC 18047 和一致性测试标准 ISO/IEC 18046)、实时定位(RTLS)(ISO/IEC 24730 系列应用接口与空中接口通信标准)方面的标准。

这些标准涉及 RFID 标签、空中接口、测试标准、读写器与到应用程序之间的数据协议,它们考虑的是所有应用领域的共性要求。

ISO 对于 RFID 的应用标准是由应用相关的子委员会制定的。RFID 在物流供应链领域中的应用方面标准由 ISO/TC 122/104 联合工作组负责制定,包括 ISO 17358 应用要求、ISO 17363 货运集装箱、ISO 17364 装载单元、ISO 17365 运输单元、ISO 17366 产品包装、ISO 17367 产品标签。RFID 在动物追踪方面的标准由 ISO TC 23 SC19 来制定,包括 ISO 11784/11785 动物 RFID 畜牧业的应用,ISO 14223 动物 RFID 畜牧业的应用-高级标签的空中接口、协议定义。

从 ISO 制定的 RFID 标准内容来说,RFID 应用标准是在 RFID 编码、空中接口协议、读写器协议等基础标准之上,针对不同使用对象,确定了使用条件、标签尺寸、标签粘贴位置、数据内容格式、使用频段等方面特定应用要求的具体规范,同时也包括数据的完整性、人工识别等其他一些要求。通用标准提供了一个基本框架,应用标准是对它的补充和具体规定。这一标准制订思想,既保证了 RFID 技术具有互通与互操作性,又兼顾了应用领域的特点,能够很好地满足应用领域的具体要求。

（2）EPCglobal 制定的 RFID 标准体系

与 ISO 通用性 RFID 标准相比,EPCglobal 标准体系是面向物流供应链领域的,可以看成是一个应用标准。EPCglobal 的目标是解决供应链的透明性和追踪性,透明性和追踪性是指供应链各环节中所有合作伙伴都能够了解单件物品的相关信息,如位置、生产日期等信息。为此 EPCglobal 制定了 EPC 编码标准,它可以实现对所有物品提供单件唯一标识;也制定了空中接口协议、读写器协议。这些协议与 ISO 标准体系类似。在空中接口协议方面,目前 EPCglobal 的策略尽量与 ISO 兼容,如 C1Gen2 UHF RFID 标准递交 ISO 将成为 ISO 18000 6C 标准。但 EPCglobal 空中接口协议有它的局限范围,即仅仅关注 UHF 860～930MHz。

除了信息采集以外,EPCglobal 非常强调供应链各方之间的信息共享,为此制定了信息共享的物联网相关标准,包括 EPC 中间件规范、对象名解析服务（Object Naming Service,ONS）、物理标记语言（PhysicalMarkup Language,PML）。这样从信息的发布、信息资源的组织管理、信息服务的发现以及大量访问之间的协调等方面作出规定。"物联网"的信息量和信息访问规模大大超过普通的因特网。"物联网"系列标准是根据自身的特点参照因特网标准制定的。"物联网"是基于因特网的,与因特网具有良好的兼容性。

（3）日本 UID 制定的 RFID 标准体系

日本泛在中心制定 RFID 相关标准的思路类似于 EPCglobal,其目标也是构建一个完整的标准体系,即从编码体系、空中接口协议到泛在网络体系结构,但是每一个部分的具体内容存在差异。

为了制定具有自主知识产权的 RFID 标准,在编码方面制定了 ucode 编码体系,它能够兼容日本已有的编码体系,同时也能兼容国际上其他的编码体系。在空中接口方面积极参与 ISO 的标准制定工作,也尽量考虑与 ISO 相关标准兼容。在信息共享方面主要依赖于日本的泛在网络,它可以独立于因特网实现信息的共享。

（4）我国 RFID 标准化工作

我国的 RFID 标准研究工作相对起步较晚。2005 年 11 月,在国家高技术研究发展计划（2005AA420050）的支持下,中国标准化协会完成了《我国 RFID 标准体系框架报告》和《我国 RFID 标准体系表》两份报告文件,提出制定我国 RFID 标准体系的基本原则:把国际 RFID 应用发展动态和我国 RFID 发展战略相结合,在深入分析国际 RFID 标准体系的基础上,以实现我国 RFID 发展战略为前提,联合相关部门开展我国 RFID 标准体系研究;以保证实际需要为目标,注重自动识别的历史继承性,实现必要的与国际标准的互联互通和与国家标准的兼容;结合国情和产业实际情况,为促进我国 RFID 技术发展,提出需要优先制定的系列标准,形成 RFID 发展的标准战略和规划。在这个原则的基础上,通过深入分析国际 RFID 技术标准,考虑标准技术环节、互联互通性和信息安全等方面的因素,提出了我国的 RFID 标准体系参考模型和 RFID 标准体系优先级列表。

我国 RFID 标准体系包括基础技术类标准和应用技术类标准两大类,其中基础技术标准体系包括基础类、管理类、技术类和信息安全类的标准,涉及 RFID 技术术语、编码、频率、空中接口协议、中间件标准、测试标准等多个方面;应用技术标准体系涵盖公共安全、生产管理与控制、物流供应链管理、交通管理方面的应用领域,它们是在关于 RFID 标签编码、空中接口协议、读写器协议等基础技术标准之上,针对不同应用对象和应用场合,在使用条件、标签尺寸、标签位置、标签编码、数据内容和格式、使用频段等方面的特定应用要求的具体规范。

从我国 RFID 标准化工作的发展来看,关注 RFID 领域各种新技术和新应用模式将是我国迅速介入国际 RFID 标准制定进程的关键所在。以韩国为例,韩国正是利用 RFID 技术与手机结合日益紧密的趋势,依托国内大型电子企业、科研机构以及相关标准化机构,迅速介入到移动 RFID 相应关键技术的研发以及移动 RFID 标准的制定当中,经过近 5 年的积累与发展,其制定的移动 RFID 标准已进入 ISO SC31 委员会的正式工作计划中。这也为我国的标准工作带来了有益的启示,只有加强自主创新,着重开展 RFID 新的关键技术和应用的研究,并以此为突破口参与国际标准的制定,才能提高我国在国际 RFID 标准化工作中的影响力。

2. RFID 标准体系结构

标准化的重要意义在于改进产品、过程和服务的适用性,防止贸易壁垒,促进技术合作,主要目标在于通过制定、发布和实施标准,解决编码、通信、空中接口以及数据共享等问题,最大程度促进 RFID 技术及相关系统的应用。

RFID 标准体系的基本结构主要包括 RFID 技术标准、RFID 应用标准、RFID 数据内容标准和 RFID 性能标准。其中,编码标准和通信协议(通信接口)是争夺比较激烈的部分,也正是这二者构成了 RFID 标准的核心。

(1)技术标准

RFID 技术标准主要定义了不同频段的空中接口及相关参数,如基本术语、物理参数、通信协议和相关设备等。

RFID 技术标准的基本结构如图 3-21 所示。

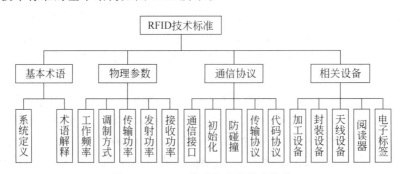

图 3-21 RFID 技术标准的基本结构

(2)应用标准

RFID 应用标准主要涉及特定应用领域或特定环境中 RFID 的构建规则,其中包括 RFID 在物流配送、仓储管理、交通运输、信息管理、动物识别、矿井安全、工业制造和休闲娱乐等领域的应用标准与规范。

(3)数据内容标准

RFID 数据内容标准主要涉及数据协议、数据编码规则及语法等,包括编码格式、语法标准、数据符号、数据对象、数据结构和数据安全等。RFID 数据内容标准能够支持多种编码格式，如支持 EPC 和 DoD 等规定的编码格式，以及 EPCglobal 规定的标签数据格式标准等。

（4）性能标准

RFID 性能标准主要涉及设备性能及一致性测试方法，尤其是数据结构和数据内容（即数据编码格式及其内存分配）。它主要包括印刷质量、设计工艺、测试规范和试验流程等。

由于 Wi-Fi、WiMAX、蓝牙、ZigBee、专用短程通信（Dedicated Short Range Communication，DSRC）协议以及其他短程无线通信协议正在用于 RFID 系统或融入到 RFID 设备中，RFID 标准所包含的范围也在不断扩大，与此相对应的实际应用也变得更为复杂。

3.4.4 RFID 电子标签

电子标签，又称射频标签、射频卡、射频卷标或应答器。由于电子标签可广泛应用于商品流通、物流管理以及众多与人们密切相关的领域，也便于和其他形式的标签相区别，因而采用通俗的电子标签的称呼有助于其推广和应用。如图 3-22 所示为两种常见的电子标签。

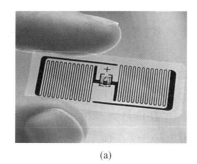
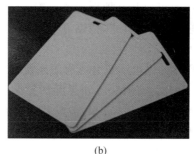

(a)   (b)

图 3-22 RFID 电子标签

电子标签是由 IC 芯片和通信天线组成的。标签中一般保存有约定格式的电子数据，在实际应用中，无线标签附着在待识别物体的表面。存储在芯片中的数据，可以由阅读器以无线电波的形式非接触地读取，并通过阅读器的处理器，进行信息解读并进行相关管理。按照目前比较标准的说法，电子标签采用非接触式的自动识别技术，是目前使用的条形码的无线版本。电子标签的应用将给零售、物流等产业带来革命性的变化。如果电子标签技术能与电子供应紧密联系，则它很有可能在几年以内取代条形码扫描技术。

电子标签便于进行大规模生产，并能做到日常免维护使用，收发电路成本低，性能可靠，是近距离自动识别技术实施的好方案。收发天线采用微带平板天线，便于各种应用场合安装且易于生产，天线的环境适应性强，机械和电气特性都比较好。

系统工作时，阅读器发出电磁波查询（能量）信号，电子标签（无源）收到电磁波查询能量信号后，将其一部分整流为直流电源供电子标签内的电路工作，另一部分电磁波能量信号被电子标签内保存的数据信息调制（ASK）后反射回阅读器。阅读器接收反射回的幅度调制信息，从中提取出电子标签中保存的标识性数据信息。在系统工作过程中，阅读器发出的电磁波信号与接收反射回的幅度调制信号是同时进行的。反射回去的信号强度要比发射信号弱得多，因此技术实现上的难点主要在于同频接收。

1. 电子标签的基本组成

电子标签与阅读器间通过电磁波进行通信,与其他通信系统一样,电子标签可以看成一个特殊的收发信机(Transceiver)。

总的来说,电子标签可以分为两部分,即标签芯片和标签天线,如图 3-23 所示。标签天线的功能是收集阅读器发射到空间的电磁波和将芯片本身发射的能量以电磁波的方式发射出去;标签芯片的功能是对标签接收到的信号进行解调、解码等各种处理,并对电子标签需要返回的信号进行编码、调制等各种处理。

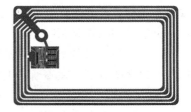

图 3-23　电子标签的组成

2. 电子标签的种类和特点

(1) 电子标签的分类

电子标签是射频识别系统中存储可识别数据的电子装置,电子标签通常安装在被识别对象上,存储被识别对象的相关信息。标签存储器中的信息可由阅读器进行非接触读写。标签可以是卡,也可以是其他形式的装置。

电子标签根据供电方式、数据调制方式、工作频率、可读写性和数据存储特性的不同可以分为不同的种类。

① 根据标签的供电形式分为有源系统和无源系统。

电子标签可分为有源标签和无源标签两种。有源标签使用标签内电池的能量,识别距离较长,可达几十米甚至上百米,但是其寿命有限,并且价格高。由于标签自带电池,因而有源标签的体积比较大,无法制作成薄卡(例如信用卡标签)。有源标签阅读器的天线的距离较无源标签要远,但需要定期更换电池。

电子标签不含有电池,利用耦合的阅读器发射的电磁场能量作为自己的能量。无源电子标签重量轻、体积小,寿命非常长,成本便宜,可以制成各种各样的薄卡或者挂扣卡。但无源标签的发射距离受限制,一般是几十厘米到几十米,且需要较大的阅读器发射功率。无源标签工作时,一般距阅读器的天线比较近。

② 根据标签的数据调制方式分为主动式、被动式和半主动式。

根据调制的方式不同,电子标签可分为主动式、被动式和半主动式。一般来讲,无源系统为被动式,有源系统为主动式。主动式的电子标签利用自身的射频能量主动地发送数据给阅读器,调制方式可为调幅、调频和调相。由阅读器发出的查询信号触发后进入通信状态的标签称为被动式标签。被动式标签的通信能量是从阅读器发射的电磁波中获得的,它既有不含电源的标签,也有含电源的标签。含电源的标签,电源只为芯片运转提供能量,这样的标签也称为半主动标签。被动式的射频系统,使用调制散射方式发射数据,它必须利用阅读器的载波来调制自己的信号,适用于门禁考勤或交通管理领域,因为阅读器可以确保只激活一定范围内的电子标签。在有障碍物的情况下,采用调制散射方式,阅读器的能量必须来去穿过障碍物两次。而主动式的电子标签发射的信号仅穿过障碍物一次,因而主动式方式工作的电子标签主要应用于有障碍物的情况下,其传输距离更远。

③ 根据标签的工作频率可以分为低频、高频及超高频和微波系统。

毫无疑问,电子标签的工作频率是其最重要的特点之一。电子标签的工作频率不仅决定着射频识别系统的工作原理(电感耦合还是电磁耦合)、识别距离,还决定着电子标签及读写器实现的难易程度和设备的成本。

工作在不同频段或频点上的电子标签具有不同的特点。射频识别应用占据的频段或频点在国际上有公认的划分,即位于 ISM 波段之中。典型的工作频率有 125kHz、133kHz、13.56MHz、27.12MHz、433MHz、902～928MHz、2.45GHz、5.8GHz 等,基本可以划分为三个主要范围:低频(30～300kHz)、高频(3～30MHz)和超高频(300MHz～3GHz)与微波(2.45GHz 以上)频段。

a) 低频段电子标签

低频段电子标签,简称为低频标签,其工作频率范围为 30～300kHz。典型工作频率有 125kHz,133kHz(也有接近的其他频率,如 TI 使用 134.2kHz)。低频标签一般为无源标签,其工作能量通过电感耦合方式从阅读器耦合线圈的辐射近场中获得。低频标签与阅读器之间传送数据时,低频标签需位于阅读器天线辐射的近场区内。低频标签的阅读距离一般情况下小于 1 米。

低频标签的典型应用有动物识别、容器识别、工具识别、电子闭锁防盗(带有内置应答器的汽车钥匙)等。与低频标签相关的国际标准有 ISO 11784/11785(用于动物识别)、ISO 18000-2(125～135kHz)。低频标签有多种外观形式,应用于动物识别的低频标签外观有项圈式、耳牌式、注射式、药丸式等。典型应用的动物有牛、信鸽等。

低频标签的主要优势体现在标签芯片一般采用普通的 CMOS 工艺,具有省电、廉价的特点;工作频率不受无线电频率管制约束;可以穿透水、有机组织、木材等;非常适合近距离的、低速度的、数据量要求较少的识别应用(例如动物识别)等。

低频标签的劣势主要体现在标签存储数据量较少;只能适合低速、近距离识别应用;与高频标签相比,标签天线匝数更多,成本更高一些。

b) 高频段电子标签

高频段电子标签的工作频率一般为 3～30MHz。典型工作频率为 13.56MHz。该频段的电子标签,从射频识别应用角度来说,因其工作原理与低频标签完全相同,即采用电感耦合方式工作,所以宜将其归为低频标签类中。另一方面,根据无线电频率的一般划分,其工作频段又称为高频,所以也常将其称为高频标签。

高频电子标签一般也采用无源方式,其工作能量同低频标签一样,也是通过电感(磁)耦合方式从阅读器耦合线圈的辐射近场中获得。标签与阅读器进行数据交换时,标签必须位于阅读器天线辐射的近场区内。高频标签的阅读距离一般情况下也小于 1 米(最大读取距离为 1.5 米)。

高频标签由于可方便地做成卡状,典型应用包括电子车票、电子身份证、电子闭锁防盗(电子遥控门锁控制器)等。相关的国际标准有 ISO 14443、ISO 15693、ISO 18000-3(13.56MHz)等。

高频标准的基本特点与低频标准相似,由于其工作频率的提高,可以选用较高的数据传输速率。电子标签天线设计相对简单,标签一般制成标准卡片形状。

c) 超高频与微波标签

超高频与微波频段的电子标签,简称为微波电子标签,其典型工作频率为 433.92MHz、862(902)～928MHz、2.45GHz、5.8GHz。微波电子标签可分为有源标签与无源标签两类。工作时,电子标签位于阅读器天线辐射场的远区场内,标签与阅读器之间的耦合方式为电磁耦合方式。阅读器天线辐射场为无源标签提供射频能量,将有源标签唤醒。相应的射频识别系统阅读距离一般大于 1m,典型情况为 4～7m,最大可达 10m 以上。阅读器天线一般均为定向天线,只有在阅读器天线定向波束范围内的电子标签可被读/写。

以目前的技术水平来说,无源微波电子标签比较成功的产品相对集中在 902～928MHz 工作频段上。2.45GHz 和 5.8GHz 射频识别系统多以半无源微波电子标签产品面世。半无源标签一般采用纽扣电池供电,具有较远的阅读距离。

微波电子标签的典型特点主要集中在是否无源、无线读写距离、是否支持多标签读写、是否适合高速识别应用,读写器的发射功率容限,电子标签及读写器的价格等方面。对于可无线写的电子标签而言,通常情况下,写入距离要小于识读距离,其原因在于写入要求更大的能量。

微波电子标签的数据存储容量一般限定在 2KB 以内,再大的存储容量似乎没有太大的意义,从技术及应用的角度来说,微波电子标签并不适合作为大量数据的载体,其主要功能在于标识物品并完成无接触的识别过程。典型的数据容量指标有 1KB,128B,64B 等。由 Auto-ID Center 制定的产品电子代码 EPC 的容量为 90B。

微波电子标签的典型应用包括:移动车辆识别、电子身份证、仓储物流应用、电子闭锁防盗(电子遥控门锁控制器)等。相关的国际标准有 ISO 10374,ISO 18000-4(2.45GHz)、－5(5.8GHz)、－6(860-930MHz)、－7(433.92MHz)和 ANSI NCITS256-1999 等。

④ 根据标签的可读写性分为只读、读写和一次写入多次读出卡。

根据内部使用存储器类型的不同,电子标签可分为三种:可读写 RW(Read/Write)标签、一次写入多次读出 WORM(Write Once Read Many)标签和只读标签 RO(Read Only)标签。RW 标签一般比 WORM 标签和 RO 标签价格高,如信用卡等。WORM 标签是用户可以一次性写入的标签,写入后数据不能改变,WORM 的存储器一般由 PROM(Programmable Read Only Memory,可编程只读存储器)和 PAL(Programmable Array Logic,可编程阵列逻辑)组成,比 RW 便宜。RO 标签保存有一个唯一的号码 ID,不能修改,这样具有较高的安全性,RO 标签最便宜。

(2) 电子标签的特点

射频识别技术之所以被广泛应用,其根本原因在于这项技术真正实现了自动化管理。在电子标签中存储了规范可用的信息,通过无线数据通信可以被自动采集到系统中,并且电子标签的形式种类多,使用十分方便。

电子标签由耦合元件及芯片组成,每个标签具有唯一的电子编码,附着在物体上标识目标对象。电子标签内编写的程序可按特殊的应用进行随时读取和改写。电子标签也可编入相应人员的一些数据信息,这些人员的数据信息可依据需要进行分类管理,并可随不同的需要制作新卡,电子标签中的内容被改写的同时也可以被永久锁死、保护起来。通常电子标签的芯片体积很小,厚度一般不超过 0.35mm,可以印制在纸张、塑料、木材、玻璃、纺织品等包装材料上,也可以直接制作在商品标签上,通过自动贴标签机进行自动贴标签。总的来说,电子标签具有以下特点。

① 具有一定的存储容量,可以存储被识别物品的相关信息。

② 在一定工作环境及技术条件下,电子标签存储的数据能够被读出或写入。

③ 维持对识别物品的识别及相关信息的完整。

④ 数据信息编码后,及时传输给阅读器。

⑤ 可编程,并且编程以后,永久性数据不能再修改。

⑥ 具有确定的使用期限,使用期限内不需维修。

⑦ 对于有源标签,通过阅读器能够显示电池的工作情况。

3. 标签编码规则

电子标签应用是全球化的,融入世界经济交往之中的,因此标准化工作非常重要。如果 RFID 的标准不统一,将制约它的应用和发展,而统一标准首先要统一标签编码规则。有关标签的数据编码的规则 ISO/IEC 制定了 ISO/IEC-15962(2004-10-15)《信息技术—无线频率识别(RFID)的项目管理—数据协议:数据编码规则和逻辑存储功能》标准。标准中对协议模型、数据结构、数据协议处理器和应用接口、数据协议处理器和空中接口、数据流和处理、数据协议和 RF 标签间的通信等都给出了规定。

在电子标签的数据编码中需要重点研究的是判断数据正确与否的校验编码。通常校验方法如下几种。

(1) 奇偶校验编码:奇偶校验方法是在每个字节中增加一位,可以选奇校验或偶校验。接收端对接收到的数据进行与发端相同的校验,如果该字节是奇数与发端数据一致则正确;若为偶数则校验不符(奇校验),认为传输错误。但此种方法识别错误能力低,通常要与纠错和重发编码技术相结合。

(2) 纵向冗余校验编码(LRC):该方法在数据传输时把 XOR 校验 LRC 模块与数据一起传输,在接收端对接收的数据和校验字节进行校验,其结果为零则数据正确,校验出的其他结果都表示数据在传输中出现错误。该算法主要用于快速校验很小的数据块。对 RFID 容量较小,一次交易量不大的情况较为适合。

(3) 循环冗余校验编码(CRC):CRC 校验需要在传输数据块内附加一些校验位(校验位的数目主要有 4 位、8 位、12 位、16 位、32 位),该校验位(CRC 校验)由该数据块按一定的生成多项式算法产生。在接收端,对接收到的数据块再按规定计算方法算 CRC 校验和,其结果若为零,则数据正确;不为零则表示传输过程出现错误。选用的校验位不同其校验的数据块长度也不同,例如选用 16 位 CRC 校验,其有效校验数据块长度不超过 4KB。根据 RFID 传输数据的长度不同可选 12 位和 8 位 CRC 校验。在 ISO/IEC 18000 系列标准中,就推荐 CRC 校验编码。

4. 电子标签数据传输协议

电子标签数据传输协议,也就是电子标签与读取器之间的通信空中接口,它包括物理层和媒体接入控制层。协议包括电子标签与阅读器之间的指令和响应,建立通信的流程。例如阅读器首先要校验周围有无干扰,然后选择最佳工作频率,接着它要主动激活标签,激活后标签要响应,待验证确认后,激活的电子标签按指令发射数据,阅读器在接收数据后进行校验后无误,则此次建立有效,否则将重新激活电子标签,重发数据。

有关 RFID 空中接口协议,ISO/IEC 制定出了 18000 系列标准,如下所示。

——18000-1 第一部分:通则;

——18000-2 第二部分:低于 135kHz 空中接口通信协议;

——18000-3 第三部分:13.56MHz 空中接口通信协议;

——18000-4 第四部分:2.45GHz 空中接口通信协议;

——18000-5 第五部分：5.8GHz 空中接口通信协议；

——18000-6 第六部分：860～960MHz 空中接口通信协议；

——18000-7 第七部分：433MHz 空中接口通信协议。

5. 电子标签应用系统接口规范

电子标签与阅读器所构成的 RFID 系统的目的是为应用服务,而应用的需求是多种多样的,且十分广泛,各不相同。阅读器与应用系统之间的接口通常采用标准的数据接口和相应协议。阅读器与应用系统数据处理终端的工作程序,大体如下。

(1) 应用系统根据需要向阅读器发出配置指令。

(2) 阅读器接到指令后向应用系统返回所有可能的阅读器的当前配置状态。

(3) 应用系统根据阅读器返回的信息向阅读器发送相应命令。

(4) 阅读器执行相应指令后,向应用系统返回根据命令的执行结果。

应用系统中的计算机平台主要包括 Windows 系列、Linux、UNIX 以及 DOS 等平台系统。所谓电子标签与应用系统接口主要是指阅读器与应用系统计算机的接口方式。目前 RFID 的应用系统接口方式几乎包罗了所有数据接口方式包括 RS232、RS485、RJ45(以太网),以及 WLAN802.11(无线局域网)等。其中 RJ45 采用 TCP/IP 传输协议。RS232 接口最大传输速率 115.2kb/s。RS485 为全双工接口,其抗干扰能力优于 RS232,其数据传出速率达 230kb/s～1Mb/s。802.11 是无线局域网中国际承认的第一个标准,早期其无线传输速率为 1Mb/s～2Mb/s,后发展提出 802.11b,其传输速率提升到 5.5Mb/s 和 11Mb/s。

6. 电子标签安全管理及可靠性

电子标签安全性是电子标签应用十分重要的问题,有些 RFID 系统对安全性能要求不高,例如工业自动控制、库房材料管理、车辆识别等。但有些 RFID 系统就需要很高的安全性能,例如自动收费,支付系统等。当然引入密码、身份、数据鉴别一定会增加设备成本,但这也是不可避免的。

电子标签安全性主要是电子标签对阅读器进行鉴别验证其合法性后,才能按指令向阅读器发送数据;同样阅读器也需要对电子标签的数据进行鉴别验证其合法性后,才能按要求处理这些数据。鉴别是 RFID 系统安全的首要问题。

RFID 系统中安全性还须注意数据在空中传输过程中被窃取的问题,对于重要数据,例如银行取存款自动柜员机,需要对其空中传输的数据本身进行加密处理,以保证数据的安全。而数据加密是一项专门技术,应由国家指定机构处理。为了保证数据的可靠性,除对传输数据进行校验和纠错处理外,在 RFID 系统还需注意多标签同时识别和系统防冲撞的问题。

(1) 多标签同时识别在 RFID 系统应用中是经常会遇到的,目前常用一个阅读器配置 4 副天线进行多标签同时识别。多标签同时识别常用的方法有如下几种。

① 空分多路法：利用天线空间分离的技术分别读取电子标签的数据。

② 频分多路法：把若干个使用不同载波频率的传输道路分别用于读取电子标签的数据。

③ 时分多路法：把整个可供使用的通路容量按时间不同分配给多个用户分别读取数据。

（2）防冲撞。为了保证数据读取的安全性和可靠性，在多阅读器随机工作的 RFID 系统，还需采用防止因同时读取而产生数据冲撞的技术。通常防冲撞采用 ALOHA 法。ALOHA 法的机制是当阅读器发生同时读取时，系统任意对冲撞中某一个阅读器作适量延迟读取。电子标签安全管理和可靠性是目前 RFID 应用标准中的薄弱环节，也是标准制定研究中重点进行的工作。通过安全性、鉴别、鉴权的研究制定出中国自己的 RFID 鉴别、鉴权标准，还要根据要求制定中国 RFID 空中传输数据加密规范。

3.4.5　RFID 阅读器

阅读器是射频识别系统中又一个非常重要的组成部分，它负责连接电子标签和计算机通信网络，与标签进行双向数据通信，读取标签中的数据，或者按照计算机的指令对标签中的数据进行改写。阅读器的工作频率决定了整个射频识别系统的工作频率，阅读器的功率大小决定了整个射频识别系统的工作距离。

1. 阅读器的功能

阅读器之所以非常重要，这是由它的功能所决定的，它的主要功能有以下几点。

（1）实现与电子标签的通信：最常见的就是对标签进行读数，这项功能需要有一个可靠的软件算法确保安全性、可靠性等。除了进行读数以外，有时还需要对标签进行写入，这样就可以批量生产标签，由用户按照自己的需要对标签进行写入。

（2）给标签供能：在标签是被动式或者半被动式的情况下，需要阅读器提供能量来激活射频场周围的电子标签。阅读器射频场所能达到的范围主要由天线的大小以及阅读器的输出功率决定。天线的大小主要是根据应用要求来考虑的，而输出功率在不同国家和地区，都有不同的规定。

（3）实现与计算机网络的通信：这一功能也很重要，阅读器能够利用一些接口实现与上位机的通信，并能够给上位机提供一些必要的信息。

（4）实现多标签识别：阅读器能够正确地识别其工作范围内的多个标签。

（5）实现移动目标识别：阅读器不但可以识别静止不动的物体，也可以识别移动的物体。

（6）实现错误信息提示：对于在识别过程中产生的一些错误，阅读器可以发出一些提示。

（7）对于有源标签，阅读器能够读出有源标签的电池信息，如电池的总电量、剩余电量等。

2. 阅读器的基本组成

典型的阅读器终端一般由天线、射频接口模块和逻辑控制模块三部分构成，其结构图如图 3-24 所示。

（1）天线

阅读器的天线是发射和接收射频载波信号的设备。它主要负责将阅读器中的电流信号转换成射频载波信号并发送给电子标签，或者接收标签发送过来的射频载波信号并将其转化为电流信号。

阅读器的天线可以外置也可以内置。天线的设计对阅读器的工作性能来说非常重要，对于无源标签来说，它的工作能量全部由阅读器的天线提供。

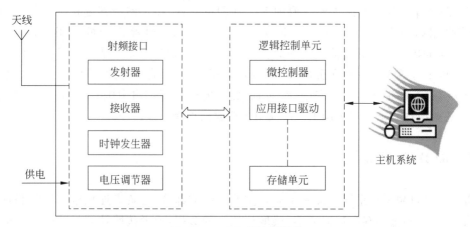

图 3-24 RFID 阅读器结构

（2）射频接口模块

阅读器的射频接口模块主要包括发射器、射频接收器、时钟发生器和电压调节器等。该模块是阅读器的射频前端，同时也是影响阅读器成本的关键部位，主要负责射频信号的发射及接收。

其中的调制电路负责将需要发送给电子标签的信号加以调制，然后再发送。解调电路负责解调标签送过来的信号并进行放大。时钟发生器负责产生系统的正常工作时钟。

（3）逻辑控制模块

阅读器的逻辑控制模块是整个阅读器工作的控制中心、智能单元，是阅读器的"大脑"，阅读器在工作时由逻辑控制模块发出指令，射频接口模块按照不同的指令做出不同的操作。

它主要包括微控制器、存储单元和应用接口驱动电路等。微控制器可以完成信号的编解码、数据的加解密以及执行防碰撞算法；存储单元负责存储一些程序和数据；应用接口负责与上位机进行输入或输出的通信。

下面以 UHF 频段阅读器为例，详细介绍一下阅读器的射频模块是如何工作的。射频模块又可以分为发射和接收两部分。

阅读器的发射电路部分主要由混频器（Mixer）、数模转换器（DAC）、衰减器（Attenuator）、可变增益放大器（VGA）、功率分配器（Power Splitter）、射频滤波器（Filter），以及射频功率放大器（PA）组成。

发射部分的工作过程如下。

① 阅读器控制压控振荡器，产生频率为 860～960MHz 的载波信号，然后把这个信号传送给功分器。

② 功率分配器把要发射的信号分成两部分，一部分发送到接收电路，作为接收信号进行混频时的信号源，另外一部分则先经过衰减器再送到混频器。

③ 通过混频，使阅读器的基带信号控制传送过来的载波信号的幅度相位变化，然后经过可变增益放大器和射频滤波器以后，传至功率放大器。

④ 阅读器根据实际情况，自动调节发射信号的增益，然后经过射频功率放大器进行放大，最后再经过环行器传送到阅读器天线准备发射。

这里环行器的作用就是将阅读器天线接收到的信号与发送的信号隔离开来，避免出现同频干扰。

阅读器的接收部分主要包括功率分配器、混频器、模数转换器以及射频滤波器,接收部分的工作流程如下。

① 由标签通过反向散射传递过来的信号通常功率比较小,它会首先进入环行器,以便与阅读器发射的载波信号分离,避免出现同频干扰。在通过射频滤波器后,进入到功率分配器,从这里出来的信号又分成了两路。

② 从发射线路过来的未调制载波作为接收线路的本振信号,产生两路参考信号,两路参考信号的相位相差90°。

③ 两路参考信号与从功率分配器分离出来的两路信号进行混频,生成两路基带信号,然后分别经过各自的运算放大器和低通滤波器以后,返回到阅读器的信号处理单元进行相关处理。

3. 阅读器的 I/O 接口形式

一般阅读器的 I/O 接口形式主要有如下几种。

(1) RS-232 串行接口:计算机普遍适用的标准串行接口,能够进行双向的数据信息传递。它的优势在于通用、标准,缺点是传输距离不会达到很远,传输速度也不会很快。

(2) RS-485 串行接口:标准串行通信接口,数据传递运用差分模式,抵抗干扰能力较强,传输距离比 RS-232 的传输距离远,传输速度与 RS-232 差不多。

(3) 以太网接口:阅读器可以通过该接口直接进入网络。

(4) USB 接口:标准串行通信接口,传输距离较短,传输速度较高。

4. 阅读器的工作方式

阅读器主要有两种工作方式,一种是阅读器先发言方式(Reader Talks First,RTF),另一种是标签先发言方式(Tag Talks First,TTF)。

在一般情况下,电子标签处于等待或休眠状态,当电子标签进入阅读器的作用范围被激活以后,便从休眠状态转为接收状态,接收阅读器发出的命令,进行相应的处理,并将结果返回给阅读器。这类只有接收到阅读器特殊命令才发送数据的电子标签被称为 RTF 方式;与此相反,进入阅读器的能量场即主动发送数据的电子标签被称为 TTF 方式。

5. 阅读器的种类

根据使用用途,各种阅读器在结构上及制造形式上也是千差万别的。大致可以将阅读器划分为以下几类:固定式阅读器、OEM 阅读器、工业阅读器、便携式阅读器以及大量特殊结构的阅读器。

(1) 固定式阅读器

固定式阅读器是最常见的一种阅读器。它是将射频控制器和高频接口封装在一个固定的外壳中构成的。有时,为了减少设备尺寸,降低成本,便于运输,也可以将天线和射频模块封装在一个外壳单元中,这样就构成了集成式阅读器或者一体化阅读器,如图 3-25 所示。

(2) OEM 阅读器

为了将阅读器集成到用户自己的数据操作终端、BDE 终端、出入控制系统、收款系统及自动装置等,需要采用 OEM 阅读器。OEM 阅读器是装在一个屏蔽的白铁皮外壳中向用户供货的,或者也可以以无外壳的插件板的方式供货,图 3-26 即为无外壳的 OEM 模块。

电子连接的形式大致有焊接端子、插接端子或螺丝旋接端子等。

图 3-25 RFID 固定式阅读器

图 3-26 RFID OEM 阅读器模块

（3）工业阅读器

对于在安装或生产设备中的应用,需要采用工业阅读器,如图 3-27 所示。

工业阅读器大多具备标准的现场总线接口,以便容易集成到现有设备中,它主要应用在矿井、畜牧、自动化生产等领域。此外,这类阅读器还满足多种不同的防护需要,现在即使是带有防爆保护的阅读器也能买到。

（4）发卡机

发卡机也叫读卡器、发卡器等,主要用来对电子标签进行具体内容的操作,包括建立档案、消费纠错、挂失、补卡、信息纠正等,经常与计算机放在一起。从本质上说,发卡机实际上是小型的射频阅读器,如图 3-28 所示。

（5）便携式阅读器

便携式阅读器是适合于用户手持使用的一类射频电子标签读写设备,其工作原理与其他形式的阅读器完全一样。便携式阅读器主要用于动物识别,主要作为检查设备、付款往来的设备、服务及测试工作中的辅助设备,如图 3-29 所示。

图 3-27 RFID 工业阅读器

图 3-28 RFID 发卡器

图 3-29 RFID 便携式阅读器

便携式阅读器一般带有 LCD 显示屏,并且带有键盘面板以便于操作或输入数据。通常可以选用 RS-232 接口来实现便携式阅读器与 PC 之间的数据交换。除了在实验室中用于系统评估工作的最简单的便携式阅读器以外,还有用于恶劣环境中的特别耐用并且带有防水保护的便携式阅读器。

6. 阅读器的发展趋势

随着 RFID 技术的不断发展,未来的阅读器也将朝着多功能、多制式兼容、多频段兼容、小型化、多数据接口、便携式、多智能天线端口、嵌入式和模块化的方向发展,而且成本也将越来越低。

(1) 多功能

为了适应市场对射频识别系统多样性和多功能的要求,阅读器将集成更多更加方便实用的功能。另外,为了适应某些应用的方便,阅读器将具有更多的智能性,具有一定的数据处理能力,可以按照一定的规则将应用系统处理程序下载到阅读器中。这样,阅读器就可以脱离中央处理计算机,做到脱机工作,完成门禁、报警等功能。

(2) 多制式兼容

由于目前全球没有统一的射频识别技术标准,各个厂家的系统互相不兼容,但是随着射频识别技术的逐渐统一以及市场竞争的需要,只要这些标签协议是公开的,或者是经过许可的,某些厂家的阅读器将兼容多种不同制式的电子标签,以提高产品的应用适应能力和市场竞争力。

(3) 多频段兼容

由于目前缺乏一个全球统一的射频识别频率,不同国家和地区的射频识别产品具有不同的频率。为了适应不同国家和地区的需要,阅读器将朝着兼容多个频段、输出功率数字可控等方向发展。

(4) 成本更低

相对来说,目前大规模的射频识别应用,其成本还是比较高的。随着市场的普及以及技术的发展,阅读器以及整个射频识别系统的应用成本将会越来越低,最终会实现所有需要识别和跟踪的物品都使用电子标签。

(5) 小型化、便携式、嵌入式、模块化

这是阅读器市场发展的必然趋势。随着射频识别技术的应用不断增多,人们对阅读器使用的简便性提出了更高的要求,这就要求不断采用新的技术来减小阅读器的体积,使阅读器方便携带、使用,易于与其他的系统进行连接,从而使得接口模块化。

3.4.6　RFID 应用

1. RFID 在物流管理领域的应用环节

RFID 能够在物流的诸多环节上发挥关键作用,这些环节包括零售环节、存储环节、运输环节和配送/分销环节。

(1) 零售环节

RFID 通过有效跟踪运输与库存,可以改进零售商的库存管理,实现适时补货,提高效率,减少出错。同时,射频标签能够对某些规定有效期和保质期的商品进行监控,商店还能利用 RFID 系统在付款台实现自动扫描和计费,以取代效率低下的人工收款方式。

在未来数年中,RFID 标签将大量用于供应链终端的销售环节。特别是在超市中,RFID

标签免除了跟踪过程中的人工干预,能够生成高度准确的业务数据,因而具有巨大的吸引力。目前,世界零售巨头沃尔玛正在全面采用RFID技术来淘汰条形码,以期进一步提高零售环节的效率。

（2）存储环节

在仓库管理领域中,射频识别系统技术通常用于存取货物与库存盘点,并能实现自动化的存货和取货等操作。在整个仓库管理中,通过将供应链计划中制定的收货计划、取货计划、装运计划等与射频识别系统相结合,高效地完成各种业务操作,如制定对方区域、上架取货与补充供应等。通过采用RFID技术,能够增强作业的准确性和快捷性,大幅度提高服务质量和降低经营成本,节省读码劳动力和存储空间。同时,也可以减少整个物流中由于商品误置、送错、被偷窃、损害和库存、出货错误等造成的损耗。RFID解决方案可提供有关库存情况的准确信息,管理人员可据此识别并纠正低效率运作情况,从而实现快速供货并最大限度地减少储存成本。

（3）运输环节

在运输管理领域,通过为运输的货物和车辆粘贴RFID标签,可以实现设备的跟踪控制。RFID读写装置通常安装在运输线的一些检查点上,以及仓库、车站、码头、机场等关键地点。接收装置收到RFID标签信息后,连同所在地的位置信息上传至通信网络,再由通信网络传送给运输调度中心,输入数据库中。

（4）配送/分销环节

在配送环节,采用射频识别技术能够大大加快配送的速度,提高拣选和分发过程的效率与准确率,并能减少人工参与的概率,降低配送成本。所有粘贴RFID标签的商品在进入中央配送中心时,托盘通过从入口安装的阅读器,读取托盘中所有货箱上的标签内容。系统将这些信息与发货记录进行核对,以检测可能出现的错误,然后为RFID标签更新商品存放地和商品所处状态。这样就确保了精确的库存控制,甚至能够确切掌握当前处于转运途中的货箱数量、转运的始发地和目的地,以及预期的到达时间等相关信息。

2. RFID技术在交通管理领域中的应用

人口、车辆数量不断增长,但是有限的可用土地以及经济要素的制约却使得城市道路扩建增容有限,因此不可避免地带来一系列的交通问题。当今世界各地的大中城市无不存在着交通问题。交通拥堵使得人们每天将大量的宝贵时间消耗在路上、车中,同时也导致商业车辆在交通运输中延误,增加了运输成本。交通事故率不断上升,每年都会带来巨大的人员伤亡和经济损失。据美国有关部门预测,到2020年,美国因交通事故造成的经济损失每年将会超过1500亿美元,而日本东京目前因交通拥堵每年造成的经济损失为1230亿美元。为解决日益严重的交通问题,各国政府采取各种措施,如对汽车课以重税以限制汽车的数量、实施交通管制等来加强管理。但是在做过各种尝试,花费了巨大的管理成本后,交通状况依然难有根本改观。人们逐渐认识到,交通系统是一个复杂的综合性系统,单独从道路或车辆的角度来考虑,都将很难解决交通问题,必须把车辆和道路综合起来,考虑如何在有限的道路资源条件下,提高道路资源的利用率,这才是解决问题的关键。同时自20世纪后期以来信息技术的迅猛发展和广泛应用也给以上解决思路提供了有效的技术手段支持。在这样的背景下,智能交通的概念应运而生,并成为研究应用的热点。

智能交通系统是指将先进的信息技术、电子通信技术、自动控制技术、计算机技术以及网络技术等有机地运用于整个交通运输管理体系中而建立起的一种实时、准确、高效的交通运输综合管理和控制系统。它是由若干子系统组成的，通过系统集成将道路、驾驶员和车辆有机地结合在一起，加强三者之间的联系。借助于系统的智能技术将各种交通方式的信息以及道路状况进行登记、收集、分析，并通过远程通信和信息技术，将这些信息实时提供给需要的人们，以增强行车安全，减少行车时间，并指导行车路线。同时管理人员通过采集车辆、驾驶员和道路的实时信息来提高其管理效率，以达到充分利用交通资源的目的。

RFID 系统已广泛应用于车辆自动识别（AVI）系统、不停车电子收费（ETC）系统中。

3. RFID 技术在汽车工业中的应用

RFID 在汽车生产流水线上的应用受到了人们越来越多的关注，RFID 技术在生产流水线上能够实现自动控制、监视，提高生产率，改进生产方式，节约成本。以下所述是国外在生产线上应用 RFID 技术的情况。

总装车间作为汽车整车生产的最后环节，涉及零部件众多、工序繁多，对保证汽车质量和生产进度起着重要作用，任何装配工序的中断就意味着作业的耽误。在总装生产线上，特别是在采用 JIT(Just In Time)准时制生产方式的流水线上，原材料与零部件必须准时送至工位，库存与物料供给也必须配合车辆装配进度。采用 RFID 技术之前，汽车制造厂是以人工方式，通过采用条形码或纸制识别卡来实现对车辆装配进度的实时追踪与监控，其缺点是条形码和识别卡极其容易被毁坏、调换或丢失，从而造成生产作业出现错误操作。

以 Ford 汽车公司为例，其墨西哥工厂早在几年前就开始采用 RFID 技术解决上述问题。该厂在组装车辆的挂具上安装可回收、可重复使用的 RFID 标签，然后为每台组装车辆编制相应序号，用阅读器将此序号写入 RFID 标签中，带有汽车所需的详细要求的标签随着装配输送带运行。在每个工作点处合适的位置安装阅读器，以保证汽车在各个流水线位置处都毫无错误地完成装配任务。当载有组装车辆的挂具经过阅读器时，阅读器可自动获取标签中的信息并送至中央控制系统，该系统便做到了实时采集生产线上的生产数据、质量监控数据等，然后传送给物料管理、生产调度、质量保证以及其他相关部门。这样就可同时实现对原材料供应、生产调度、质量监控以及整车质量跟踪等功能，有效避免人工操作的各种弊端。

德国宝马汽车公司在装配流水线上应用射频识别系统，以尽可能大量地生产用户定制的汽车。宝马汽车的生产是基于用户提出的要求样式而生产的。用户可以从上万种内部和外部选项中，选定自己所需车的颜色、引擎型号和轮胎样式等。这样，汽车装配流水线上就得装配上百种样式的宝马汽车，如果没有一个高度组织的、复杂的控制系统是很难完成这样复杂的任务的。宝马汽车公司在其装配流水线上配有 RFID 系统，使用可重复使用的电子标签。该电子标签带有汽车所需的所有详细要求，在每个工作点处都有阅读器，这样可以保证汽车在各个流水线位置上能毫不出错地完成装配任务。丰田汽车公司除了将其用于生产过程中之外，还将其用于车辆的销售与售后服务领域中，对车辆的运抵时间进行监控以及记录客户和车辆保修的有关信息。

4. RFID 技术在邮政领域的应用

随着邮政业务的不断拓展，邮件种类、数量每年都在变化，由于邮件的特殊性，使得邮件的标码、识别、处理等显得尤为重要。对邮件标码的目的是为了方便、快捷、准确地采集邮件信息,减少人为的错误,使工作人员从重复采集邮件信息这种繁重的劳动中解脱出来。随着计算机及其网络的发展与普及,对邮件标码越全,快速采集的邮件相关信息就越多。利用采集到的邮件信息,按照生产作业流程的要求,进行一系列相关处理,最终达到快速、准确、高效的生产目的,同时还要考虑最大限度地降低生产运营成本,为企业创造更多的经济效益和社会效益。

在邮政行业内部,对邮件的处理最早从人工分拣开始。随着人类社会的发展,人们的交流越来越多,为了解决信函的分拣,逐步研究出应用条码技术,并于1999年在中国邮政全面推广应用了条码进行分拣。但由于各个方面条件的限制,条码技术还没有完全应用。最近几年在EMS(邮政特快专递)内部处理过程中,才开始实现全面的条码分拣。

近年来,各方面专家开始研究RFID在邮政行业中的应用,总的来说,RFID技术可以给邮政行业带来以下好处。

(1) 加强包裹存储的管理

将RFID系统用于智能仓库包裹管理,有效地解决了仓库内与包裹流动有关的信息管理。它不但增加了一天内处理包裹的数量,还能监控这些包裹的一切信息。电子标签贴在包裹上,阅读器和天线放在叉车上,每件包裹均贴有条码,所有条码信息都被存储在仓库的中心计算机中,该包裹的有关信息都能在计算机中查到。当包裹被装走运往别处时,由另一阅读器识别并告知计算中心它被放到哪个拖车上。这样,管理中心可以实时了解到已经接收了多少包裹和发送了多少包裹,并可自动识别包裹,确定包裹的位置。

(2) 包裹分拣自动化

用RFID技术在包裹分拣线上实现自动控制和监视,能提高效率、降低成本。邮件的分拣可以有两种方法。一种方法是包裹上的标签包含了一个唯一的标识符,通过联网的数据库可以很快知道它的目的地信息,根据这一信息可以自动完成邮件的分拣。这种方式存在一定延迟。另一种方法是包裹上的标签含有目的地信息,从而分拣装置根据这一信息加上路径判断分拣,它的速度较快。

(3) 对高附加值物品防止丢失

在现在RFID标签成本较高的情况下,采用RFID技术对高附加值物品进行跟踪是个好的选择。不同地点的RFID对它进行识别,将识别时间和地点进行记录并上传到网络上,达到目的地,投递完后识别器将标签状态改为投递结束。

(4) 退回邮件的跟踪

RFID标签含有一个退回ID标志,当信件退回时就可以通过这个标志进行追踪。这是个非常有效地防止丢失和重新寻找的办法,RFID系统因为每枚邮包标签都已经注册备案,所以保证了邮件不会丢失。RFID系统无时无刻不在和标签进行"对话",邮政可以实现低成本自动管理退回信件。

(5) 投递导航

对于以前的投递方式,投递员必须逐个检查地址投递包裹。在投递面大、地形复杂的地方无疑会出现误投的问题。丹麦在全国安装了大量的有RFID标签的邮箱,安装有RFID标签的邮箱会告诉投递人员已经接近收信人的地址了,投递人员也可以通过手提装置检查邮箱是否正确。

(6) 分析和预测

企业通过RFID对包裹邮递体系进行管理,不仅可在邮递过程中对包裹进行监督和信息共享,还可对包裹在邮递各阶段中的信息进行分析和预测。企业通过对包裹邮递系统进行分析,可了解各环节,发现各环节存在的不足从而提出改进措施。通过对包裹当前所处阶段的信息进行预测,估计出未来的趋势或意外发生的概率,从而及时采取补救措施或预警。基于 RFID 技术的包裹邮递体系,在数据采集,以及数据分析与预测方面具有强大优势。

5. RFID 技术在其他领域的应用

与传统的识别方式相比,RFID 技术无须直接接触、无须光学可视、无须人工干预,即可完成信息输入和处理,且操作方式方便快捷,因而广泛应用于动物识别、休闲娱乐、工业生产、防盗防伪、门禁管理等需要收集和处理数据的应用领域,被认为是条形码标签的未来替代品。

(1)动物识别领域

RFID 系统在动物的饲养业中应用将近 20 年,在欧洲的应用尤其典型。除了企业内部在饲料的自动配给和产量统计方面的应用之外,还包括跨企业的动物标识、瘟疫和质量控制以及动物行为跟踪。

(2)工业生产领域

现代制造业的工作过程是依靠制度和规范保障的一个精确的执行过程,这必然要求对计划和执行进行精确的对比,即生产过程的每一个环节(包括入库检验)的数据都要准确记录,并同计划进行比较,这就需要使用 RFID 技术进行自动识别,保证计划和执行相符合,并针对出现的问题及时采取措施调整。由此可见,现代制造业对 RFID 等自动识别技术具有较强的依赖性。

由于现代制造业的品质是依靠管理,而不是检验,因而 RFID 技术是一种管理的手段,而不是检验的手段。RFID 特有的高准确率和快捷性大大地降低了企业的制造成本,提高了企业的市场竞争力和服务效率。

(3)休闲娱乐领域

射频识别技术提供了可靠的自动识别和事物追踪方法,比传统的人工数据采集传递方法更快捷、准确、高效,可实现多目标识别、运动目标识别,因而可在休闲娱乐领域得到较为广泛的应用。

例如在某些大型的游乐场中,采用了基于无线射频识别技术的现代化游乐场解决方案,所完成的功能包括利用射频卡对游客进行身份识别和消费支付,解决身高或年龄不足儿童或其他身体不适游客的预警、防盗问题,利用射频卡排队预约或向游客推荐最受欢迎的娱乐项目,定时向园内游客发送服务信息(租赁设备、寻找同伴、自动制作旅游 BLOG)等,能够很好地解决传统管理模式下,游客遇到的种种问题。游客可以利用已经绑定的手机,挂失自己的门票;利用所携带的电子门票租赁商店中的 RFID 游览车等设备,并可以预约自己喜爱游览的项目,而且后台管理系统可以根据当前预约排队状况,节约排队时间;为游客提供一些有价格的信息服务。另外,还可以向门票中的电子标签充值,以支付门票、购物或其他消费的费用。总之,使用无线射频识别技术可以大大改善现代游乐场的服务环境,实时了解游客的具体位置,了解游客使用游览车或其他设备的状况,以便更有效地对旅游设备进行管理。通过 RFID 系统的实施可以免去排队游玩娱乐项目的时间,而储值功能则可以刺激游客入园消费,从而提升顾客服务品质,增加游客回流量,获得更好的经济效益,使游乐场方和游客达到双赢。

（4）安防行业

在安防行业，RFID 技术主要应用于门禁及考勤、停车场管理、电子巡更、防盗报警、防伪管理、人员定位、商品防盗等领域。

3.4.7　RFID 面临的问题

RFID 在推广应用中遇到了不少挑战，主要表现在成本、标准、精确度与应用模式等方面。

1. 标准化问题

标准化是推动产品广泛获得市场接受的必要措施，但射频识别阅读器与标签的技术仍未统一，因此无法通用。不同制造商所开发的标签通信协定，使用不同频率，且封包格式不一。首先对于收发频率，虽约定了频率范围，但具体的使用频率还是有一定的差异；此外，标签上的芯片性能、存储器存储协议与天线设计约定等，也都没有统一标准。尽管 RFID 的有关标准正在逐步开发制定、不断完善，但是不同国家又有自己的规则。有的业内人士担心，比制定条码标准更为困难的是，如果一个国家把某个频率权卖给某个商业企业后，在出现对其他系统的干扰时，这个国家就很难对这个频率段的使用情况进行监督管理。

2. 价格问题

RFID 系统中不论是标签、阅读器和天线，其价格都比较昂贵。在新的制造工艺没有普及推广之前，高成本的 RFID 标签只能用于一些本身价值较高的产品。美国目前一个 RFID 标签的价格约为 0.30～0.60 美元，对一些价位较低商品，采用高档 RFID 标签显然不划算。另外，对使用 RFID 系统客户而言，其设备投资也不菲，据有关报告指出，为每个商店安装一台 RFID 和 EPC（电子产品编码）识读装置的成本至少是 10 万美元，对一个组织而言，这方面的投资可能会达到 3000～4000 美元。

3. 技术的突破

RFID 技术尚未完全成熟，特别是应用于某些特殊的产品，如用液体或金属罐等时，大量 RFID 标签无法正常起作用。标签的可靠性也是个大问题。就目前看来，现在普遍使用的 125kHz 和 13.56kHz 因传输距离太短，限制了阅读器和 RFID 标签间的传输距离，使若干标签不能有效地被读取，标签失效率很高。此外，RFID 标签与读取机有方向性，射频识别信号易被物体阻断，也是 RFID 技术发展的一大挑战。即使贴上双重标签，仍有 3% 的标签无法识别。

4. 涉及人员失业、隐私保护以及安全问题

企业采用射频识别系统后，原来由手工完成的工作将有很多被该系统取代，其衍生而来的问题就是将有许多劳工面临失去工作的危机。同时 RFID 的大规模应用还会涉及隐私保护以及安全问题，当前的无源 RFID 系统没有读写能力，所以无法使用密钥验证方法来进行身份验证，如果标签是有源的，并且会收到不断变化的验证密钥，那将会大大提高其安全性，不过这又会增加其成本。正因为如此，目前的 RFID 技术要想在对信息有保密要求的领域

展开应用还存在着障碍。

3.5 云计算技术

3.5.1 云计算概述

2008 年,Gartner 推出了未来三年最具影响力的十大技术排行榜,云计算排在虚拟化技术后名列第二。与此同时,云计算的始作俑者 Google 推出了手机开源平台 Android、前端浏览器平台 Chrome,会同已有的 Google Apps、Google App Engine、Google File System、Big Table、MapReduce 等核心技术,基本完成了云计算平台的战略部署;Amazon 在推出 EC2(Elastic Computing Cloud)之后,又推出了 S3(Simple Storage Service)服务,其云计算的战略部署已经初见成效;支持"云端"的微软在 2008 年年底发布了其云计算平台 Azure Services Platform;另外还有 IBM 的 Blue Cloud、SUN 的 Network.com,国外厂商的快速反应和发展让大家有了"浓云密布"的感觉。然而云计算到底是什么? 云计算的核心是什么? 它是一种技术还是一个商业概念? 在云计算时代,中国软件业未来的战略应该是什么? 这些问题都值得大家去深深地思考。

1. 云计算定义

回顾 IT 产业的发展历程,在计算环境和设施方面,从 20 世纪 60 年代的大型机、70 年代的小型机、80 年代的个人计算机和局域网,到 90 年代对人类生产和生活产生了深刻影响的桌面互联网,再到现在人们高度关注的移动互联网的转变过程,计算设施和环境已经从以计算机为中心到以网络为中心,再到以人为中心;软件工程一改长期以来面向机器、面向语言和面向中间件等面向主机的形态,转为面向需求、服务、网络的形态,真正实现了软件即服务(SaaS);在人机交互方面,最初主要以键盘交互为主,1964 年鼠标的发明,改变了人机交互方式,使得计算机得到普及,为此,鼠标的发明者获得了计算机界的最高奖项——图灵奖。现在交互的主要方式又演变为触摸、语音和手势等,已经从人围着计算机转,改为计算机围着人转,交互、分享、群体智能等都远远超出了早先图灵机的范畴,这就是泛在的计算。无论从计算环境和设施的变化、软件工程的发展,还是从交互方式的改变,这些都告诉我们,现在已经进入到一个新的时代——云计算的时代。

云计算是由 Google 提出的,其核心思想是将大量用网络连接的计算资源统一管理和调度,构成一个计算资源池,向用户按需服务,是网格计算(Grid Computing)、分布式计算(Distributed Computing)、并行计算(Parallel Computing)、效用计算(Utility Computing)、网络存储(Network Storage Technologies)、虚拟化(Virtualization)、负载均衡(Load Balance)等传统计算机技术和网络技术发展融合的产物。它旨在通过网络把多个成本相对较低的计算实体整合成一个具有强大计算能力的完美系统,并借助软件即服务(SaaS)、平台即服务(PaaS)、基础设施即服务(IaaS)、成功的项目群管理(MSP)等先进的商业模式把这强大的计算能力分布到终端用户手中。云计算的一个核心理念就是通过不断提高"云"的处理能力,进而减少用户终端的处理负担,最终使用户终端简化成一个单纯的输入输出设备,并能按需享受"云"的强大计算处理能力。

狭义云计算是指通过网络以按需、易扩展的方式获得所需的资源，广义云计算是指服务的交付和使用模式，指通过网络以按需、易扩展的方式获得所需的服务，这种服务可以是 IT 和软件、互联网相关的，也可以是任意其他的服务，它具有超大规模、虚拟化、可靠安全等独特功能。其中提供资源的网络被称为"云"，如图 3-30 所示，"云"是一些可以自我维护和管理的虚拟计算资源，通常为一些大型服务器集群，包括计算服务器、存储服务器、宽带资源等，"云"中的资源在使用者看来是可以无限扩展的，并且可以随时获取、按需使用、随时扩展、按使用付费。云计算将所有的计算资源集中起来，并由软件实现自动管理，无须人为参与，这使得应用提供者无须为烦琐的细节而烦恼，能够更加专注于自己的业务，有利于创新和降低成本。

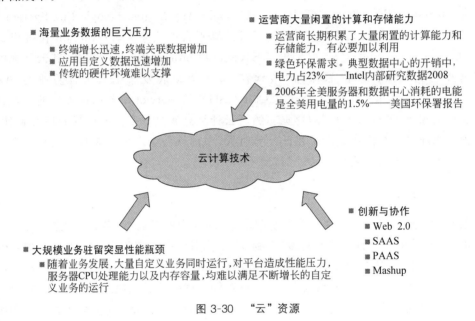

图 3-30　"云"资源

2. 云计算基本原理与特点

云计算是对分布式处理、并行处理和网格计算及分布式数据库的改进处理，其前身是利用并行计算解决大型问题的网格计算和将计算资源作为可计量的服务提供的公用计算，在互联网宽带技术和虚拟化技术高速发展后萌生出云计算，其发展历程如图 3-31 所示。计算能力、存储空间以及通信带宽成为社会的公共基础设施。用户呈现出个性化服务的强劲需求：无需关心特定应用软件的服务方式（如是否被他人同时租用），无须关心计算平台的操作系统以及软件环境等底层资源的物理配置与管理，无须关心计算中心的地理位置。这三个"无须关心"即构成了软件作为服务、平台作为服务、基础设施作为服务。计算资源的虚拟化组织、分配和使用模式，有利于资源合理配置并提高利用率（散落在局域网、社区网、城区网、地区网各级信息中心的成千上万台服务器的利用率通常在 15% 左右，集中后的虚拟集群服务器利用率可达 85%），促进节能减排，实现绿色计算。

云计算的基本原理是利用非本地或远程服务器（集群）的分布式计算机为互联网用户提供服务（计算、存储、软硬件等服务），这使得用户可以将资源切换到需要的应用上，根据需求访问计算机和存储系统。云计算可以把普通的服务器或者 PC 连接起来以获得超级计算机

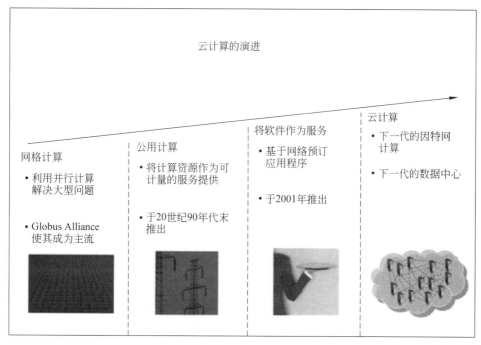

图 3-31 云计算的演变进程

的计算和存储等功能,但是成本更低。云计算真正实现了按需计算,从而有效地提高了对软硬件资源的利用效率。云计算的出现使高性能并行计算不再是科学家和专业人士的专利,普通的用户也能通过云计算享受高性能并行计算所带来的便利,使人人都有机会使用并行机,从而大大提高了工作效率和计算资源的利用率。云计算模式中用户不需要了解服务器在哪里,不用关心内部如何运作,通过高速互联网就可以透明地使用各种资源。

云计算技术将计算分布在大量的分布式计算机上,而非本地计算机或远程服务器中。企业数据中心的运行将与互联网相似,使得企业能够将资源切换到需要的应用上,根据需求访问计算机和存储系统,是一种革命性的举措,这就好比是从古老的单台发电机模式转向了电厂集中供电的模式。它意味着计算能力也可以作为一种商品进行流通,就像煤气、水电一样取用方便、费用低廉,最大的不同在于它是通过互联网进行传输的。云计算的蓝图已经呼之欲出:在未来,只需要一台笔记本计算机或者一个手机,就可以通过网络服务来实现人类需要的一切,甚至包括超级计算这样的任务,从这个角度而言,最终用户才是云计算的真正拥有者。云计算的主要特点包括以下几点。

(1)计算资源集成提高设备计算能力

云计算把大量计算资源集中到一个公共资源池中,通过多主租用的方式共享计算资源。虽然单个用户在云计算平台获得服务的水平受到网络带宽等各因素的影响,未必获得优于本地主机所提供的服务,但是从整个社会资源的角度而言,整体的资源调控降低了部分地区峰值荷载,提高了部分荒废主机的运行率,从而提高资源利用率。

(2)分布式数据中心保证系统容灾能力

分布式数据中心可将云端的用户信息备份到地理上相互隔离的数据库主机中,甚至用户自己也无法判断信息的确切备份地点。该特点不仅仅提供了数据恢复的依据,也使得网络病毒和网络黑客的攻击失去目的性而变成徒劳,大大提高了系统的安全性和容灾能力。云计算系统由大量商用计算机组成集群向用户提供数据处理服务。随着计算机数量的增加,系统出现错误的概率大大增加。在没有专用的硬件可靠性部件的支持下,采用软件的方式,即数据冗余和分布式存储来保证数据的可靠性。通过集成海量存储和高性能的计算能力,云能提供较高的服务质量。云计算系统可以自动检测失效节点,并将失效节点排除,不影响系统的正常运行。

（3）软硬件相互隔离减少设备依赖性

虚拟化层将云平台上方的应用软件和下方的基础设备隔离开来。技术设备的维护者无法看到设备中运行的具体应用。同时对软件层的用户而言,基础设备层是透明的,用户只能看到虚拟化层中虚拟出来的各类设备。这种架构减少了设备依赖性,也为动态的资源配置提供可能。

（4）平台模块化设计体现高可扩展性

目前主流的云计算平台均根据 SPI 架构在各层集成功能各异的软硬件设备和中间件软件。大量中间件软件和设备提供针对该平台的通用接口,允许用户添加本层的扩展设备。部分云与云之间提供对应接口,允许用户在不同云之间进行数据迁移。类似功能更大程度上满足了用户需求,集成了计算资源,是未来云计算的发展方向之一。

（5）虚拟资源池为用户提供弹性服务

云平台管理软件将整合的计算资源根据应用访问的具体情况进行动态调整,包括增大或减少资源的要求。因此云计算对于在非恒定需求的应用,如对需求波动很大、阶段性需求等,具有非常好的应用效果。在云计算环境中,既可以对规律性需求通过事先预测事先分配,也可根据事先设定的规则进行实时平台调整。弹性的云服务可帮助用户在任意时间得到满足需求的计算资源。

（6）按需付费降低使用成本

作为云计算的典型应用模式,按需提供服务按需付费是目前各类云计算服务中不可或缺的一部分。对用户而言,云计算不但省去了基础设备的购置运维费用,而且能根据企业成长的需要不断扩展订购的服务,不断更换更加适合的服务,提高了资金的利用率。

3. 云计算与其他超级计算的区别

20 世纪后半期,全世界范围掀起第三次产业革命的浪潮,人类开始迈入后工业社会——信息社会。在信息经济时代,其先进生产力及科技发展的标志就是计算技术。时至今日,计算科学,尤其是以超级计算机（或高性能计算机）为基础的计算科学已经与理论研究、实验科学相并列,成为现代科学的三大支柱之一。现代超级计算基于先进的集群技术构建,即常说的网格计算技术。网格计算是伴随着互联网发展起来的,是一种专门针对复杂科学计算的新型计算模式。这种计算模式利用互联网把分散在不同地理位置的计算机组织成一个虚拟的"超级计算机",其中每一台参与计算的计算机就是一个"节点",而整个计算是由成千上万个"节点"组成的"一张网格",所以称之为网格计算,其结构如图 3-32 所示。这种"超级计算机"有两个优势,一个是数据处理能力超强,另一个是能充分利用网上的闲置处理能力。需要说明的是,网格计算是一种传统的、更加专业化的定义方式,而超级计算则是更加通俗化的概念,两者从本质上是一致的。超级计算在一个国家的发展中,特别是一些尖端科技的发展中,发挥着不可替代的作用,生物科技、石油勘探、气象预报、国防技术、工业设计、城市规划等经济、社会发展的关键领域都离不开超级计算。

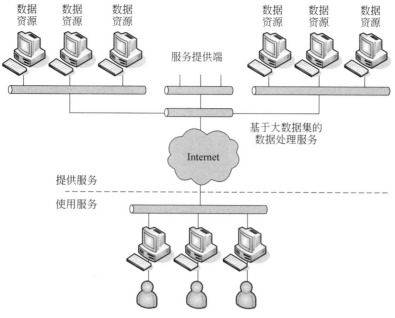

图 3-32　网格计算的结构

　　云计算是从网格计算演化来的,但并不等同于网格计算,其结构如图 3-33 所示,云计算是一种生产者—消费者模型,云计算系统采用以太网等快速网络将若干集群连接在一起,用户通过因特网获取云计算系统提供的各种数据处理服务。而网格系统是一种资源共享模型,资源提供者亦可以成为资源消费者,网格侧重研究的是如何将分散的资源组合成动态虚拟组织,两者的主要区别如表 3-4 所示。

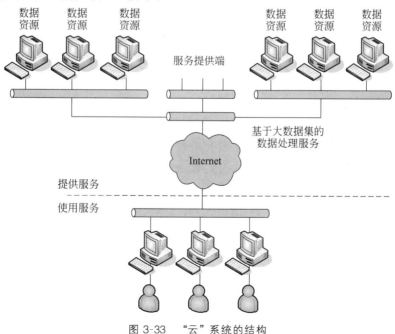

图 3-33　"云"系统的结构

表 3-4　网格计算与云计算的主要区别

区 别 点	网 格 计 算	云 计 算
发起者	学术界	工业界
标准化	是(OGSA)	否
开源	是	部分开源
互联网络	因特网,高延时低带宽	高速网络,低延时高带宽
关注点	计算密集型	数据密集型
节点	分散的 PC 或服务器	集群
获取的对象	共享的资源	提供的服务
安全保证	公私钥技术,账户技术	虚拟机保证隔离性
节点操作系统	相同的系统(UNIX)	多种操作系统上的虚拟机
虚拟化	虚拟数据和计算资源	虚拟软硬件平台
节点管理方式	分散式管理	集中式管理
易用性	难以管理和使用	用户友好
付费方式	/	用时付费
失败管理	失败的任务重启	虚拟机迁移到其他节点执行
第三方插件的兼容性	难以兼容	易于兼容
自我管理方式	重新配置	重新配置,自我修复

云计算和网格计算之间的一个重要区别在于资源调度模式。云计算采用集群来存储和管理数据资源,运行的任务以数据为中心,即调度计算任务到数据存储节点运行。而网格计算以计算为中心,计算资源和存储资源分布在因特网的各个角落,不强调任务所需的计算和存储资源同处一地。由于网络带宽的限制,网格计算中的数据传输时间占总运行时间的很大一部分。网格将数据和计算资源虚拟化,而云计算则进一步将硬件资源虚拟化,活用虚拟机技术,对失败任务重新执行,而不必重启任务。同时网格内各节点采用统一的操作系统(大部分为 UNIX),而云计算放宽了条件,在各种操作系统的虚拟机上提供各种服务。云计算与网格的复杂管理方式不同,它提供一种简单易用的管理环境。另外网格和云在付费方式上有着显著的不同,网格按照统一的资费标准收费或者若干组织之间共享空闲资源,而云则采用按时付费以及按服务等级协议的模式收费。网格计算注重运算速度和任务的吞吐率,以运算速度为核心进行计算机的研究和开发,而云计算则以数据为中心,同时兼顾系统的运算速度,并且传统的超级计算机耗资巨大,远超云计算系统,至于其他区别不再赘述。

4. 云计算应用领域

目前亚马逊、微软、谷歌、IBM、英特尔等公司纷纷提出了“云计划”,例如亚马逊的 AWS (Amazon Web Services)、IBM 和谷歌联合进行的“蓝云”计划等,这对云计算的商业价值给予了巨大的肯定。同时学术界也纷纷对云计算进行深层次的研究,例如谷歌同华盛顿大学以及清华大学合作,启动云计算学术合作计划(Academic Cloud Computing Initiative),推动云计算的普及,加紧对云计算的研究。目前企业导入云计算已逐渐普及,并且有逐年成长趋势,其主要应用领域如表 3-5 所示。

表 3-5　云计算的应用领域

领　　域	应 用 场 景	领　　域	应 用 场 景
科研	地震监测	图形和图像处理	动画素材存储分析
	海洋信息监控		高仿真动画制作
	天文信息计算处理		海量图片检索
医学	DNA 信息分析	互联网	E-mail 服务
	海量病例存储分析		在线实时翻译
	医疗影像处理		网络检索服务
网络安全	病毒库存储		
	垃圾邮件屏蔽		

为加快我国云计算服务创新发展,工信部联合发改委于 2010 年 10 月 18 日联合印发《关于做好云计算服务创新发展试点示范工作的通知》,确定在北京、上海、深圳、杭州、无锡 5 个城市先行开展云计算服务创新发展试点示范工作。试点示范工作主要包括 4 个方面的重点内容:一是推动国内信息服务骨干企业针对政府、大中小企业和个人等不同用户需求,积极探索 SaaS(软件即服务)等各类云计算服务模式;二是以企业为主体,产学研用联合,加强海量数据管理技术等云计算核心技术研发和产业化;三是组建全国性云计算产业联盟;四是加强云计算技术标准、服务标准和有关安全管理规范的研究制定,着力促进相关产业发展。试点示范将加速云计算产业链成熟进程,促进云计算产业链整体发展,特别是公有云和 SaaS 方面有实现加速发展的可能。对于云计算的众多应用与服务,可以细分为以下 7 个类型。

(1) SaaS(软件即服务)

软件厂商将应用软件统一部署在服务器或服务器集群上,通过互联网提供软件给用户。用户也可以根据自己的实际需要向软件厂商定制或租用适合自己的应用软件,通过租用方式使用基于 Web 的软件来管理企业经营活动。软件厂商负责管理和维护软件,对于许多小型企业来说,SaaS 是采用先进技术的最好途径,它消除了企业购买、构建和维护基础设施和应用程序的需要。近年来 SaaS 的兴起已经给传统软件企业带来强劲的压力,在这种模式下,客户不再像传统模式那样花费大量投资于硬件、软件、人员,而只需要支出一定的租赁服务费用,通过互联网便可以享受到相应的硬件、软件和维护服务,享有软件使用权并不断升级,这是网络应用最具效益的营运模式。SaaS 通常被用在企业管理软件领域、产品技术和市场,国内的厂商以八百客、沃利森为主,主要开发 CRM、ERP 等在线应用。用友、金蝶等老牌管理软件厂商也推出在线财务 SaaS 产品。国际上其他大型软件企业中,微软提出了 Software+SaaS 的模式,谷歌推出了与微软 Office 竞争的 Google Apps,Oracle 在收购 Sieble 升级 Sieble on-demand后推出 Oracle On-demand,SAP 推出了传统和 SaaS 的杂交(Hybrid)模式。

(2) PaaS(平台即服务)

平台即服务 PaaS(Platform As A Service)提供开发环境、服务器平台、硬件资源等服务给用户,用户可以在服务提供商的基础架构基础上开发程序并通过互联网和其服务器传给其他用户。PaaS 能够提供企业或个人定制研发的中间件平台,提供应用软件开发、数据库、应用服务器、试验、托管及应用服务。在云计算服务中,平台系统比应用软件系统复杂,它是一系列的软件硬件协议的系统集合。把平台独立于软件之外另立为单独的服务项目,能够让服务更具有目的化,易于管理和维护。PaaS 能给客户带来更高性能、更个性化的服务,Salesforce 的 force.com 平台和八百客的 800APP 是 PaaS 的代表产品。PaaS 厂商也吸引软件开发商在 PaaS 平台上开发、运行并销售在线软件。

(3) 按需计算

按需计算是将多台服务器组成的"云端"计算资源,包括计算和存储,作为计量服务提供给用户,由 IT 领域巨头如 IBM 的蓝云、Amazon 的 AWS 及提供存储服务的虚拟技术厂商的参与应用与云计算结合的一种商业模式,它将内存、I/O 设备、存储和计算能力整合成一个虚拟的资源池为整个业界提供所需要的存储资源和虚拟化服务器等服务。按需计算用于提供数据中心创建的解决方案,帮助企业用户创建虚拟的数据中心,诸如 3Tera 的 AppLogic,Cohesive Flexible Technologies 的按需实现弹性扩展的服务器。Liquid Computing 公司的 LiquidQ 提供类似的服务,能帮助企业将内存、I/O、存储和计算容量通过网络集成为一个虚拟的资源池提供服务。按需计算方式的优点在于用户只需要低成本的硬件,按需租用相应计算能力或存储能力,大大降低了用户在硬件上的开销。

(4) MSP(管理服务提供商)

管理服务是面向 IT 厂商的一种应用软件,常用于应用程序监控服务、桌面管理系统、邮件病毒扫描、反垃圾邮件服务等。目前瑞星杀毒软件早已推出云杀毒的方式,而 SecureWorks、IBM 提供的管理安全服务属于应用软件监控服务类。

(5) 商业服务平台

商业服务平台是 SaaS 和 MSP 的混合应用,提供一种与用户结合的服务采集器,是用户和提供商之间的互动平台,如费用管理系统中用户可以订购其设定范围的服务与价格相符的产品或服务。

(6) 网络集成

网络集成是云计算的基础服务的集成,采用通用的"云计算总线",整合互联网服务的云计算公司,方便用户对服务供应商的比较和选择,为客户提供完整的服务。软件服务供应商 OpSource 推出了 OpSource Services Bus,使用的就是被称为 Boomi 的云集成技术。

(7) 云端网络服务

网络服务供应商提供 API 能帮助开发者开发基于互联网的应用,通过网络拓展功能性。服务范围从提供分散的商业服务(诸如 Strike Iron 和 Xignite)到涉及 Google Maps、ADP 薪资处理流程、美国邮电服务、Bloomberg 和常规的信用卡处理服务等的全套 API 服务。云计算在工作和生活中最重要的体现就是计算、存储与服务,当然计算和存储从某种意义上讲同属于云计算提供的服务,因此也印证了云计算即是提供的一种服务,是一种网络服务。

3.5.2 云计算关键技术

云计算是全新的基于互联网的超级计算理念和模式,实现云计算需要多种技术的结合,并且需要用软件实现将硬件资源进行虚拟化管理和调度,形成一个巨大的虚拟化资源池,把存储于个人电脑、移动设备和其他设备上的大量信息和计算资源集中在一起,协同工作,计算资源包括计算机硬件资源(如计算机设备、存储设备、服务器集群、硬件服务等)和软件资源(如应用软件、集成开发环境、软件服务)。

1. 云计算体系结构

云计算平台是一个强大的"云"网络,连接了大量并发的网络计算和服务,可利用虚拟化技术扩展每一个服务器的能力,将各自的资源通过云计算平台结合起来,提供超级计算和存储能力。云计算的本质是通过网络提供服务,其服务层次是根据服务类型即服务集合来划分的,与大家熟悉的计算机网络体系结构中层次的划分不同。在计算机网络中每个层次都实现一定的功能,层与层之间有一定关联。而云计算体系结构中的层次是可以分割的,即某一层次可以单独完成一项用户的请求而不需要其他层次为其提供必要的服务和支持,其体系结构由 5 部分组成,分别为应用层,平台层,资源层,用户访问层和管理层,如图 3-34 所示。

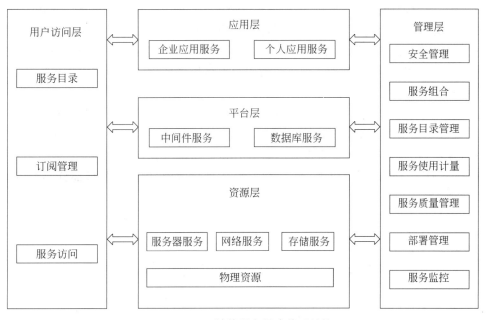

图 3-34 云计算服务层次体系结构

(1) 资源层

资源层是指基础架构层面的云计算服务,对应 IaaS(基础设施即服务),如 IBM Blue Cloud、Sun Grid,这些服务可以提供虚拟化的资源,从而隐藏物理资源的复杂性。物理资源指的是物理设备,如服务器等,服务器服务指的是操作系统的环境,如 Linux 集群等,网络服务指的是提供的网络处理能力,如防火墙、VLAN、负载等。存储服务为用户提供存储能力。

(2) 平台层

平台层对应 PaaS(平台即服务),如 IBM IT Factory、Google APPEngine,为用户提供对资源层服务的封装,使用户可以构建自己的应用。数据库服务提供可扩展的数据库处理的能力,中间件服务为用户提供可扩展的消息中间件或事务处理中间件等服务。

(3) 应用层

应用层提供软件服务,对应 SaaS(软件即服务),如 Google APPS。企业应用是指面向企业的用户,如财务管理、客户关系管理、商业智能等。个人应用指面向个人用户的服务,如电子邮件、文本处理、个人信息存储等。

（4）用户访问层

用户访问层是方便用户使用云计算服务所需的各种支撑服务，针对每个层次的云计算服务都需要提供相应的访问接口。服务目录是一个服务列表，用户可以从中选择需要使用的云计算服务。订阅管理是提供给用户的管理功能，用户可以查阅自己订阅的服务，或者终止订阅的服务。服务访问是针对每种层次的云计算服务提供的访问接口，针对资源层的访问可能是远程桌面或者 XWindows，针对应用层的访问，提供的接口可能是 Web。

（5）管理层

管理层提供对所有层次云计算服务的管理功能，安全管理提供对服务的授权控制、用户认证、审计、一致性检查等功能。服务组合提供对自己有云计算服务进行组合的功能，使得新的服务可以基于已有服务创建时间。服务目录管理服务提供服务目录和服务本身的管理功能，管理员可以增加新的服务，或者从服务目录中除去服务。服务使用计量对用户的使用情况进行统计，并以此为依据对用户进行计费。服务质量管理提供对服务的性能、可靠性、可扩展性进行管理。部署管理提供对服务实例的自动化部署和配置，当用户通过订阅管理增加新的服务订阅后，部署管理模块自动为用户准备服务实例。服务监控提供对服务的健康状态的记录。

云计算技术层次与上述的云计算服务层次不是一个概念，后者从服务的角度来划分云的层次，主要突出了云服务能给我带来什么。而云计算的技术层次主要从系统属性和设计思想角度来说明云，是对软硬件资源在云计算技术中所充当角色的说明。从云计算技术角度来分，云计算主要由 4 部分构成，即物理资源、虚拟化资源、中间件管理部分和服务接口，如图 3-35 所示。

图 3-35　云计算技术层次体系结构

（1）服务接口

统一规定了在云计算时代使用计算机的各种规范、云计算服务的各种标准等，作为用户端与云端交互操作的入口，可以完成用户或服务注册以及对服务的定制和使用。

（2）服务管理中间件

在云计算技术中，中间件位于服务和服务器集群之间，提供管理和服务，即云计算体系结构中的管理系统。对标识、认证、授权、目录、安全性等服务进行标准化和操作，为应用提供统一的标准化程序接口和协议，隐藏底层硬件、操作系统和网络的异构性，统一管理网络资源。其用户管理包括用户身份验证、用户许可、用户定制管理；资源管理包括负载均衡、资源监控、故障检测等；安全管理包括身份验证、访问授权、安全审计、综合防护等；映像管理包括映像创建、部署、管理等。

（3）虚拟化资源

可以实现一定的操作功能，但其本身是虚拟而不是真实的资源，如计算池、存储池、网络池、数据库资源等，通过软件技术来实现相关的虚拟化功能，包括虚拟环境、虚拟系统、虚拟平台。

（4）物理资源

主要指能支持计算机正常运行的一些硬件设备及技术，可以是价格低廉的 PC，也可以是价格昂贵的服务器及磁盘阵列等设备，可以通过现有网络技术和并行技术、分布式技术将分散的计算机组成一个能提供超强功能的集群，用于计算和存储等云计算操作。在云计算时代，本地计算机可能不再像传统计算机那样需要空间足够的硬盘、大功率的处理器和大容量的内存，只需要一些必要的硬件设备，如网络设备和基本的输入输出设备等。

2. 云计算关键技术

云计算以数据为中心，是一种新型的数据密集型超级计算，在数据存储、数据管理、编程模式等多方面具有自身独特的技术，同时涉及了众多其他技术，如表 3-6 所示，包括数据存储技术、数据管理技术、编程模式等。

表 3-6　云计算涉及的关键技术

技术类型	具体技术
设备架设	数据中心节能，节点互联技术
改善服务技术	可用性技术，容错性技术
资源管理技术	数据存储技术，数据管理技术
任务管理技术	数据切分技术，任务调度技术，编程模型
其他相关技术	负载均衡技术，并行计算技术，虚拟机技术，系统监控技术

（1）数据存储技术

数据存储技术为保证高可用、高可靠和经济性，云计算采用分布式存储的方式来存储数据，采用冗余存储的方式来保证存储数据的可靠性，即为同一份数据存储多个副本。云计算系统需要同时满足大量用户的需求，并行地为大量用户提供服务，因此云计算的数据存储技术必须具有高吞吐率和高传输率的特点。云计算的数据存储技术主要有谷歌的非开源的 GFS(Google File System)和 Hadoop 开发团队开发的 GFS 的开源实现 HDFS(Hadoop Distributed File System)。大部分 IT 厂商，包括雅虎、英特尔的"云"计划采用的都是 HDFS 的数据存储技术。

云计算的数据存储技术的未来发展将集中在超大规模的数据存储、数据加密和安全性保证以及继续提高 I/O 速率等方面。以 GFS 为例，GFS 是一个管理大型分布式数据密集型计算的可扩展的分布式文件系统。GFS 使用廉价的商用硬件搭建系统，并向大量用户提供容错的高性能服务，它和普通分布式文件系统的区别如表 3-7 所示。GFS 系统由一个 Master 和大量块服务器构成，Master 存放文件系统的所有元数据，包括名字空间、存取控制、文件分块信息、文件块的位置信息等，GFS 中的文件切分为 64MB 的块进行存储。在 GFS 文件系统中，采用冗余存储的方式来保证数据的可靠性。每份数据在系统中保存三个以上的备份。为了保证数据的一致性，对于数据的所有修改需要在所有的备份上进行，并用版本号的方式来确保所有备份处于一致的状态。客户端不通过 Master 读取数据,避免了大量读操作使 Master 成为系统瓶颈。客户端从 Master 获取目标数据块的位置信息后,直接和块服务器交互进行读操作。GFS 的写操作将写操作控制信号和数据流分开,即客户端在获取 Master 的写授权后,将数据传输给所有的数据副本,在所有的数据副本都收到修改的后,客户端才发出写请求控制信号,在所有的数据副本更新完后,由主副本向客户端发出写操作完成控制信号。

表 3-7　GFS 与传统分布式文件系统的区别

技术类型	组件失败管理	文件大小	数据写方式	数据流和控制流
GFS	不作为异常处理	少量大文件	文件末尾附加数据	数据流和控制流分开
传统分布式文件系统	作为异常处理	大量小文件	修改现存数据	数据流和控制流结合

当然云计算的数据存储技术并不仅仅只是 GFS,其他 IT 厂商,包括微软、Hadoop 开发团队也在开发相应的数据管理工具,其本质上是一种分布式的数据存储技术以及与之相关的虚拟化技术,对上层屏蔽具体的物理存储器的位置、信息等,快速的数据定位、数据安全性、数据可靠性以及底层设备内存储数据量的均衡等方面都需要继续研究完善。

(2) 数据管理技术

云计算系统对大数据集进行处理、分析,并向用户提供高效的服务,因此数据管理技术必须能够高效地管理大数据集,而且如何在规模巨大的数据中找到特定的数据也是云计算数据管理技术所必须解决的问题。云计算的特点是对海量的数据存储、读取后进行大量的分析,数据的读操作频率远大于数据的更新频率,云中的数据管理是一种读优化的数据管理,因此云系统的数据管理往往采用数据库领域中列存储的数据管理模式,将表按列划分后存储。

云计算的数据管理技术中最著名的是谷歌提出的 BigTable 数据管理技术。由于采用列存储的方式管理数据,如何提高数据的更新速率以及进一步提高随机读速率是未来的数据管理技术必须解决的问题。以 BigTable 为例,BigTable 数据管理方式设计者——Google给出了如下定义:BigTable 是一种为了管理结构化数据而设计的分布式存储系统,这些数据可以扩展到非常大的规模,例如在数千台商用服务器上的达到 PB(Petabytes)规模的数据。BigTable 在执行时需要三个主要的组件:链接到每个客户端的库、一个主服务器和多个记录板服务器。主服务器用于分配记录板到记录板服务器以及进行负载平衡、垃圾回收等,记录板服务器用于直接管理一组记录板、处理读写请求等。

为保证数据结构的高可扩展性,BigTable 采用三级的层次化方式存储位置信息,如图 3-36所示,其中第一级的 Chubby file 中包含 Root Tablet 的位置,Root Tablet 有且仅有一个,包含所有 METADATA tablets 的位置信息,每个 METADATA tablets 包含许多 User Table的位置信息。当客户端读取数据时,首先从 Chubby file 中获取 Root Tablet 的位置,并从中读取相应 METADATA tablet 的位置信息。接着从该 METADATA tablet 中读取包含目标数据位置信息的 User Table 的位置,然后从该 User Table 中读取目标数据的位置信息项。据此信息到服务器中的特定位置读取数据。

这种数据管理技术虽然已经投入使用,但是仍然具有部分缺点,例如对类似数据库中的Join 操作效率太低、表内数据如何切分存储、数据类型限定为 string 类型过于简单等。而微

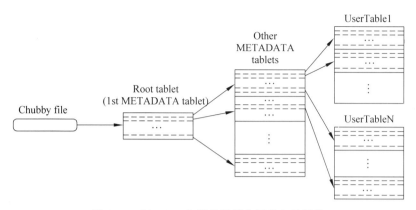

图 3-36　Bigtable 存储记录板位置信息的结构

软的 DryadLINQ 系统则将操作的对象封装为. NET 类,这样有利于对数据进行各种操作,同时对 Join 进行了优化,得到了比 BigTable＋Map-Reduce 更快的 Join 速率和更易用的数据操作方式。

（3）编程模型

为了使用户能更轻松地享受云计算带来的服务,让用户能利用该编程模型编写简单的程序来实现特定的功能,云计算上的编程模型必须十分简单,同时需要保证后台复杂的并行执行和任务调度向用户和编程人员透明。云计算通常采用 Map-Reduce 的编程模式,现在大部分 IT 厂商提出的"云"计划中采用的编程模型都是基于 Map-Reduce 的思想开发的编程工具。Map-Reduce 不仅仅是一种编程模型,同时也是一种高效的任务调度模型,不仅适用于云计算,而且在多核和多处理器、Cell Processor 以及异构机群上同样有良好的性能。该编程模式仅适用于编写任务内部松耦合、能够高度并行化的程序。如何改进该编程模式,使程序员能够轻松地编写紧耦合的程序、运行时能高效地调度和执行任务,是 Map-Reduce 编程模型未来的发展方向。

Map-Reduce 是一种处理和产生大规模数据集的编程模型,程序员在 map 函数中指定对各分块数据的处理过程,在 reduce 函数中指定如何对分块数据处理的中间结果进行归约。用户只需要指定 map 和 reduce 函数来编写分布式的并行程序,当在集群上运行 Map-Reduce 程序时,程序员不需要关心如何将输入的数据分块、分配和调度,同时系统还将处理集群内节点失败以及节点间通信的管理等。图 3-37 给出了一个 Map-Reduce 程序的具体执行过程,从图中可以看出,执行一个 Map-Reduce 程序需要 5 个步骤,包括输入文件、将文件分配给多个工作机并行地执行、写中间文件（本地写）、多个 Reduce 工作机同时运行、输出最终结果。本地写中间文件减少了对网络带宽的压力,同时也减少了写中间文件的时间耗费。执行 reduce 时,根据从 Master 获得的中间文件位置信息,reduce 使用远程过程调用,从中间文件所在节点读取所需的数据。Map-Reduce 模型具有很强的容错性,当工作机节点出现错误时,只需要将该工作机节点屏蔽在系统外等待修复,并将该工作机上执行的程序迁移到其他工作机上重新执行,同时将该迁移信息通过 Master 发送给需要该节点处理结果的节点。Map-Reduce 使用检查点的方式来处理 Master 出错失败的问题,当Master 出现错误时,可以根据最近的一个检查点重新选择一个节点作为 Master,并由此检查点位置继续运行。

Map-Reduce 仅为编程模式的一种,微软提出的 DryadLINQ 是另外一种并行编程模式。

但它局限于.NET 的 LINQ 系统,同时并不开源,限制了它的发展前景。Map-Reduce 作为一种较为流行的云计算编程模型,在云计算系统中应用广阔,但是基于它的开发工具 Hadoop 并不完善,特别是其调度算法过于简单,判断需要进行推测执行的任务的算法造成过多任务需要推测执行,降低了整个系统的性能。改进 Map-Reduce 的开发工具,包括任务调度器、底层数据存储系统、输入数据切分、监控"云"系统等方面是将来一段时间的主要发展方向。

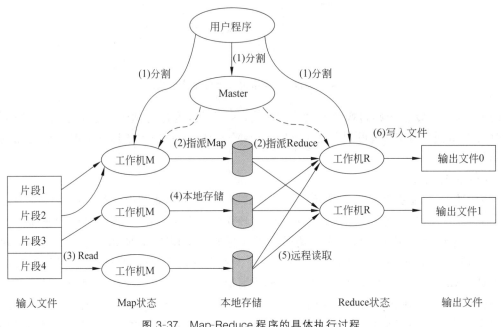

图 3-37　Map-Reduce 程序的具体执行过程

3.5.3　云计算与物联网的结合

物联网是通过给每一个对象赋予唯一的标识符,智能地将物与物、人与物联系起来的新型网络,把物体本身的信息通过传感器、智能设备等采集后,收集至一个中心平台进行存储和分析,因此需要一个海量的数据库和数据平台把数据信息转换成实际决策和行动。若所有的数据中心都各自为阵,数据中心的大量有价值的信息就会形成信息孤岛,无法被有需求的用户有效使用,所以在许多实际应用领域,云计算常和物联网一起组成一个互通互联、提供海量数据和完整服务的大平台,其架构如图 3-38 所示。例如城市公共安全智能视频监控服务平台就是集安全防范技术、计算机应用技术、网络通信技术、视频传输技术、访问控制技术、云存储、云计算等高新技术为一体的庞大系统。公共安全智能视频监控服务平台包括传感器技术、无线图传技术、智能视频分析技术、信息智能发布及推送技术、中间件技术、数据库等核心技术,这个平台实现对已标识的视频数据的自动分析、切换、判断、报警。物联网的实质是物物相连,把物体本身的信息通过传感器、智能设备等采集后,收集至一个云计算平台进行存储、计算和分析,并建立服务模式和服务体系。当打印机、显示器、汽车等物体连入互联网之后,通过云计算中的计算中心和数据中心可以提供云打印、云显示、云导航、云旅游等服务。如果我想知道从北京会议中心去天安门广场怎么走,无须买 GPS,只需发个短信,云导航中心就会返回一条或几条路径信息。如果北京所有的汽车都联网,云监控中心就可以知道车辆的运行情况,而无须专门的监控车辆去巡查当日北京市的限号车辆是否进入五环以内。

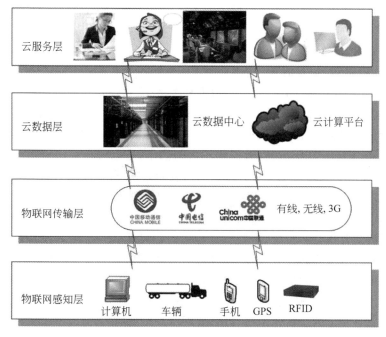

图 3-38　基于云计算的物联网系统架构

1. 云计算——物联网支撑平台

云计算和物联网应用当前已成为我国乃至全球的战略发展方向,一方面云计算需要从概念走向应用,另一方面物联网也需要更大的支撑平台以满足其规模的需求,这恰好是两者的紧密结合点,云计算譬如人的大脑,而物联网则是人的五官和四肢,云计算为大规模的物联网应用提供了强大的存储、计算与服务中心平台。有了云计算中心的廉价、超大量的处理能力和存储能力,有了物联网无处不在的信息采集,这两者一结合,就可以产生类似《阿凡达》里面描述的将整个星球的生物都联系起来的奇妙情景。云计算与物联网的结合方式可以分为以下几种。

(1) 单中心、多终端

在此类模式中,分布范围较小的各物联网终端(传感器、摄像头或 3G 手机等),把云中心或部分云中心作为数据/处理中心,终端所获得的信息、数据统一由云中心处理及存储,云中心提供统一界面给使用者操作或者查看。这类应用非常多,例如小区及家庭的监控、对某一高速路段的监测、幼儿园小朋友监管以及某些公共设施的保护等都可以用此类模式。这类主要应用的云中心,可提供海量存储、统一界面以及分级管理等功能,对日常生活提供较好的帮助,一般此类云中心为私有云居多。

(2) 多中心、大量终端

对于区域跨度较大的企业单位而言,多中心、大量终端的模式比较适合,譬如一个跨多地区或者多国家的企业,因其分公司或分厂较多,要对其各公司或工厂的生产流程进行监控、对相关的产品进行质量跟踪等。有些数据或者信息需要及时甚至实时共享给各个终端

119

的使用者也可采取这种方式,例如北京地震中心探测到某地 10 分钟后会有地震,只需要通过这种途径,仅仅十几秒就能将探测情况的告警信息发出,可尽量避免不必要的损失。中国联通的"互联云"思想就是基于此思路提出的。这个模式的前提是云中心必须包含公共云和私有云,并且它们之间的互联没有障碍。这样对于有些机密的事情,例如企业机密等可较好地保密而又不影响信息的传递与传播。

（3）信息分层处理、海量终端

这种模式适用于用户范围广、信息及数据种类多、安全性要求高等的场合。当前客户对各种海量数据的处理需求越来越多,可以根据客户需求及云中心的分布进行合理分配,对需要大量数据传送但安全性要求不高的需求,如视频数据、游戏数据等,可以采用本地云中心进行处理或存储;对于计算要求高、数据量不大的需求,可以放在专门负责高端运算的云中心里进行处理;而对于数据安全要求非常高的信息和数据,可以放在具有灾备中心的云中心里。此模式根据应用模式和场景的不同,对各种信息数据进行分类处理,然后选择相关途径给相应的终端。

以上应用模式要想全部实现,需要云计算中心建设达到一定的规模。目前除极少数企业有部分为企业自身服务的私有云以外,还没有较大的公共云或者"互联云"。云计算与物联网的结合是互联网络发展的必然趋势,它将引导互联网和通信产业的发展,并将在 3～5 年内形成一定的产业规模,相信越来越多的公司、厂家会对此进行关注。与物联网结合后,云计算才算是真正意义上的从概念走向应用,进入产业发展的"蓝海"。

2. 数据采集与反控

在基于云计算的物联网系统架构中,物联网的感知层充当了数据信息采集与反控的重要角色。传感器技术作为现代科技的前沿技术,同计算机技术与通信技术组成现代信息技术的三大基础,也为当今物联网的发展铺平了道路,传感器更是物联网在工业领域应用的关键。为了满足物联网大规模、低成本、无人值守、环境复杂、电池供电等外界环境条件,智能传感器需满足以下条件。

（1）微型化

物联网的特点要求传感器微型化,要求传感器的特征尺为 um 级或 nm 级,质量为 g 或 mg 级,体积为 mm 级。

（2）低成本

低成本是物联网大规模应用的前提,在传感器设计时采用低成本设计方法,提高传感器成品率,突破产业化生产技术,实现产业化生产。

（3）低功耗

因物联网是靠电池长期供电的,为节约能源,传感器必须采用低功耗供电,采用低功耗设计原则,在技术路线上采用太阳能、光能、生物能作为传感器电源。

（4）抗干扰

能抗电磁辐射、雷电、强电场、高湿、障碍物等恶劣环境。

（5）灵活性

传感器节点在物联网中应用时,节点通过提供一系列的软、硬件标准,能实现面向应用的灵活编程要求。

以环境监测为例,如图 3-39 所示为环境类传感器系列,环保平台利用物联网等现代信息技术对环境污染情况进行实时监测,通过获取各种环境类传感器采集的信息,并在云计算平台进行分析、处理,得出废水、废气等的排放情况,当污染指标达到核定的排放量限值时,系统进行自动报警联动,例如自动触发短信提醒企业管理相关人员以及对相应传感器进行反控,使其采取进一步的控制措施,例如关闭排放阀,并进行系统自查自检。

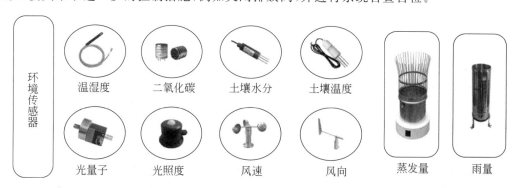

图 3-39　环境类传感器系列

3. 云数据中心

随着物联网系统规模不断增大,数据量急剧攀升,数据存储和查询的压力越来越大,物联网系统数据存储与管理的瓶颈问题越发突出,传统的服务器和数据库的磁盘 I/O 能力、服务器处理能力有限,处理能力提升代价高昂,正是在这种形势与需求下,云数据中心应运而生,如图 3-40 所示。

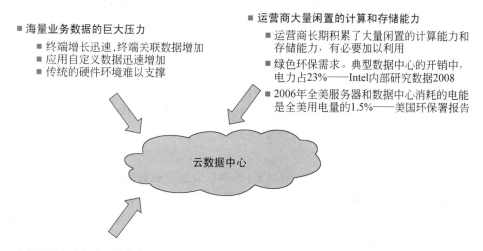

图 3-40　云数据中心

基于对云数据中心需求的不断更新,新一代云数据中心将是个能够高效利用能源和空间的数据中心,并支持企业或机构获得可持续发展的计算环境。高利用率、自动化、低功耗、自动化管理成为了国内新一代云数据中心建设的关注点。其具体特征如下。

(1) 数据集中,提高效率

无论是出于 IT 成本过高、复杂性过大,还是资源利用率过低等原因,目前几乎所有类型的公司都在尝试将 IT 资源进行整合和集中,这其中当然也包括云数据中心的整合。集中化的数据更便于备份、冗余和控制。所谓整合,就是将数十个数据中心整合到少数几个中央位置,然后重点在网络、冗余、计算、存储和管理等几个方面加强这少数几个中央数据中心的能力。

这一趋势将对很多 IT 技术和应用产生巨大影响。如数据将越来越多地通过广域网传递给远程用户,由此对广域网架构和管理也产生了影响。而通过 Web、客户机-服务器协议或瘦客户机来提供集中化的应用将成为一种标准,这样将更加便于管理、更新以及安装补丁来防御全隐患。

(2) 安全与可信

安全性并不单指防火墙、IPS/IDS、入侵检测以及防病毒等安全防范措施。实际上,火灾、飓风和其他灾害能在任何时候袭击数据中心。在数据中心建设的初始阶段就应该构建可靠的灾难恢复方案,或建立异地备份中心。这是当前数据中心建设中需要重视的一大热点问题。相应地,约一半被调查者均通过重新利用现有数据中心,或构建新设施整合现有数据中心的方式来建立辅助数据中心,以便获得灾难恢复能力,以此保证业务连续性。

(3) 存储虚拟化

通过虚拟化进行数据中心资源整合是云数据中心的发展趋势。数据中心虚拟化正在势不可挡地迅猛发展。虚拟化分为存储虚拟化和计算虚拟化。存储虚拟化发生在两个层次:块存储(Block Storage)和文件存储(File Storage)。虚拟存储能将不同的物理存储架作为一个单一的虚拟存储池。虚拟化技术能够改善 IT 资源的再利用和提高灵活性,以适应不断变化的需求和工作量。

(4) 绿色低碳

绿色数据中心在机械、照明、用电和计算机系统等方面的设计为的是最大程度提升能源利用效率和最小程度造成对环境的污染和影响。建设和运行一个绿色数据中心需要采用先进的技术和优秀的策略。

(5) 流程自动化

在不需要大幅增长预算和人力的情况下,管理好数据中心资源的快速增长,是数据中心管理者共同面临的严峻挑战。虚拟化可在一定程度上控制这种增长,但虚拟化还会增加管理和自动化工具上的要求。实现 IT 管理流程自动化,是降低数据中心 IT 操作成本和复杂性的一个关键目标,自动化应用将呈现增长的势头。

(6) 模块化

数据中心模块化,可按需部署,高效扩展,灵活满足业务快速增长的需求,轻松实现分步投资,有效提高设备利用率和投资回报率。集装箱式数据中心是在工厂里将机架、空调、配电柜,甚至 UPS、发电机、服务器、交换机、存储系统等数据中心基础设施和 IT 设备集成安装到一个标准集装箱内,可形成高度集成、具有多种用途的数据中心模块,既可单体运行,也可通过积木式的扩展,构建各种规模的数据中心。

4. 云服务中心

随着物联网应用领域的多样化以及应用规模的逐渐扩大,其功能需求已不仅仅局限于数据的存储与查询,而是提出了更高层次、更复杂多样的服务要求。云服务中心按照服务类型大致可以分为三类,包括软件作为服务(SAAS)、平台作为服务(PAAS)和基础设施作为服务(IAAS),如图 3-41 所示。

图 3-41 云服务层次

软件即服务(SAAS)可能是最普遍的云服务开发类型,对客户而言,SAAS 无须前期的服务器或软件许可投资。对应用开发者而言,只需要为多个客户端维护一个应用。许多不同类型的公司都在利用 SAAS 模型开发应用,最为著名的 SAAS 应用就是谷歌为自己的客户群所提供的应用。平台即服务(PAAS)是 SAAS 的一个变种,将整个开发环境作为一个服务来提供,开发者利用供应商开发环境中的"结构单元"来创建自己的客户应用。PAAS 是可以在上面开发、测试和部署软件的一种平台,专门面向应用程序的开发人员、测试人员、部署人员和管理员,这项服务提供了开发云 SAAS 应用程序所需要的一切资源。当用户需要虚拟计算机、云存储、防火墙和配置服务等网络基础架构部件时,IAAS 正是用户应该选择的云服务模式。系统管理员是这种服务的一类用户,使用费可以按多个标准来计算,例如每个处理器小时、每小时存储的数据(GB)、所用的网络带宽、每小时所用的网络基础架构以及所用的增值服务(如监控和自动扩展等),不一而足。

思考题

1. 简述无线传感网网络的特点。
2. 简述 ZigBee 的 MAC 层的帧格式以及帧结构大小。
3. 网络层帧是由哪几部分构成的，有哪几种主要的帧格式？
4. M2M 系统架构中涉及的关键支撑技术主要有哪些？
5. 简述 RFID 系统的构成。
6. 简述电感耦合系统和电磁方向散射耦合系统的工作原理及应用场合。
7. 什么是云计算？请从狭义和广义角度分别详细描述。
8. 请详述云计算与物联网的结合方式并举例说明。

第4章 物联网应用案例及分析

物联网、云计算等新兴产业的发展带动了社会科技的发展,同时它们之间产生了各个行业的智慧应用的革命浪潮,智能型应用如风起云涌般席卷全世界,本章主要介绍物联网技术在智能交通、智能医疗、智能安防、智能家居和智能电网的重点案例。

4.1 智能交通

4.1.1 智能交通改变市民的出行

交通是城市的命脉所在,它影响着人们的生活、工作和学习,也是经济发展的关键因素之一。杭州作为"天堂硅谷"的智慧城市,在最近几年的发展过程中,人口数量急剧增长,车辆增加惊人,伴随而生了种种交通问题。

物联网时代的技术革命,给人们的生活带来了翻天覆地的变化。在智能交通方面,应运而生了一系列最新的解决方案和应用产品,提高了人们生活的便利程度,杭州的智能交通平台就是典型的案例。

如何通过计算机去管理都市的行人、车辆和道路,从 20 世纪 90 年代开始就是一个很难解决的社会问题。直到物联网传感时代的到来,各种各样传感器的出现,使得这个难题得以解决。智能交通技术通过在杭州各个交通路口设置传感器、照相机和电子信息牌的方式,收集海量的道路交通信息,然后通过高性能的服务器计算出最佳的道路规划方案,以此来管理交通流量和控制负载均衡。

1. 城市智能交通诱导综合信息服务平台

城市智能交通诱导综合信息服务平台系统会把人、车、路综合起来考虑。通过诱导驾驶员的出行行为来改善路面交通系统,防止交通阻塞的发生,减少车辆在道路上的行驶时间,并且实现交通流在路网中各个路段上的负载均衡。通过提供准确、全面的交通诱导信息,提高出行的效率和质量,有效提高道路交通监控力度和管理水平。进行道路交通分析,提供合理的交管方案。

城市智能交通诱导综合信息服务平台,拥有多种交通信息的采集方式,如浮动车检测、视频检测、感应线圈检测、抓拍识别等。将这些交通流参数分别发送到交通指挥中心、信息发布服务器、行车路线优化服务器等进行使用。根据交通流信息融合的结果,实现交通信息的公共发布和个性化行车路线的优化决策,信息发布服务器中实现与基于 Internet 的交通信息网、交通诱导屏、交通广播媒体等多种发布平台相连。

2. 杭州快速公交解决方案

快速公交(BRT)是杭州公交公司采用的一种新型交通模式,它以高效、快速、运量大、建设周期短、成本相对较低等优点,成为解决城市"堵"局之首选。它采用物联网技术中的无线传感 BRT 信号和优先控制系统,保证 BRT 车辆快速、准点、可靠地到达目的地。

嵌入式 BRT 信号优先控制系统(图 4-1)通过对时间信号、优先策略、信号控制、车辆身份识别及精确定位技术的研究,利用先进的交通流模型,智能规划交通灯的时间周期,使得在复杂的城市道路交通状况下,不仅仅保证 BRT 车辆的优先行驶权,而且还保证了各路口的正常交通秩序。例如当交通拥堵的时候,交通路口通过传感天线测量快速公交 B1 的距离,然后以此来规划红绿灯的切换周期,以保证下一辆 B1 公交车到达路口的时候,正好是绿灯,这样就减少了 BRT 车辆的等待时间。

图 4-1 嵌入式 BRT 信号优先控制系统

杭州目前已经建成了 BRT 车辆的网络群,有 B1、B2、B3、B4 以及 K900 等专用快速公交线路,大幅提高了市民的出行效率,降低了城市的拥堵率。

图 4-2 所示为基于 RFID 的杭州快速公交 1 号线方案。

4.1.2 公共自行车项目

在杭州,经常看到市民骑着红色的自行车穿梭于城市之间,成为这座城市一道独特的风

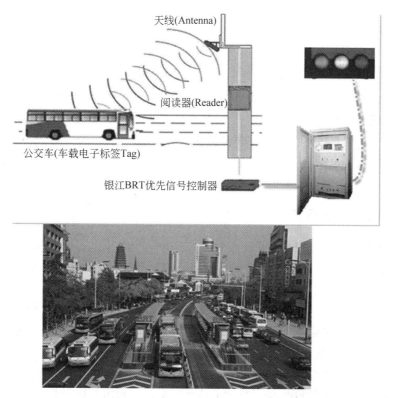

图 4-2　基于 RFID 的杭州快速公交 1 号线方案

景线。这就是杭州的公共自行车。而杭州融鼎科技有限公司(以下简称融鼎科技)就是该服务系统的主要开发商之一。

1. 低碳生活，从自行车开始

融鼎科技很早便将引领低碳生活作为企业的愿景，并将目光投向了绿色交通领域，投入到公共自行车租赁系统、新能源汽车租赁系统、一卡通系统整体解决方案的研究当中。目前，融鼎科技的公共自行车租赁系统已经在国内多个城市投放，并以惊人的速度快速发展，成为当地市民出行、游玩的一大重要选择。

2. 国内率先实施公共自行车项目

当杭州推出公共自行车租赁系统时，国内尚无先例，而融鼎科技则是杭州公共自行车租赁系统的主要开发商之一。目前，已经在杭州完成 2700 个公共自行车服务网点的建设，系统单日使用量超过 30 万人次。杭州公共自行车项目实施后，反响非常热烈，颇受好评。

不少城市也打算投放公共自行车，融鼎科技在杭州公共自行车租赁系统建设中所发挥的作用有目共睹，成为众多城市公共自行车项目的主要服务商。江苏江阴、浙江舟山及嘉兴、广东东莞及佛山、重庆永川、湖北咸宁等城市的公共自行车项目，都留下了融鼎人的身影和汗水。此外，融鼎科技还参与了新疆等地多个大学校园，济南、仙居等地的经济开发区以及万科良渚文化村等大型社区的公共自行车项目。

凭借积累的经验，融鼎科技以杭州模式为主，结合需求进行研发，为众多城市打造出不同的公共自行车租赁系统，受到一致好评。

3. 探索电动车领域

受制于自行车骑行距离的局限,绿色交通仅仅只有公共自行车显然是不够的。因此融鼎科技在开发公共自行车的基础上,进一步开发了电动自行车、电动汽车租赁系统。

由于技术的原因和充电的不方便,电动汽车走进家庭步履蹒跚,为此融鼎科技开发了电动汽车租赁系统。希望通过租赁的方式,让广大消费者尽早接受电动汽车,享受电动汽车带来的便捷。这一新的系统不久将在杭州良渚文化村实施。

同时公司开发了电动自行车自助租赁系统,在济南、重庆当地试点,实现了充电管理和自助租赁有机结合,为中等距离的出行提供了一个便捷的选择。

4. 打造一站式便民服务

卡,已经成为人们生活中必不可少的物品之一。每个人或多或少都有卡,坐公交有公交卡,超市购物有超市卡,总之各种各样的卡层出不穷,但是卡多之后也会成为一种累赘。如果有一张卡可以坐公交、购物、充话费,那就会方便很多。

针对这一现况,融鼎科技开发了一卡通管理系统,例如万科良渚文化村村民卡系统。持有"村民卡",可享受业主班车、小区门禁、村民公共自行车、商家消费等各类免费或有偿社区配套服务内容及业主专属权益,实现小镇生活的"一卡通"。

卡多了,还面临一个充值的问题,不同的卡需要到不同的地方充值,这给大家的生活带来了很多不便。为此,融鼎科技特别开发了易充宝系统。利用互联网技术,通过与传统的商业服务零售网点和自助服务终端相结合,提供公交卡充值、手机充值等一站式便民服务。

4.1.3 RFID 在首都机场线 AFC 系统中的应用案例

1. AFC 系统简介

由中国软件公司承建,北京市轨道交通建设管理有限公司进行建设管理的首都机场自动售检票系统(AFC),全面应用了 RFID 技术,已于 2008 年 7 月 19 日开通运营,并承担了奥运期间重要的交通运输任务,运行近 4 个月已累计运送旅客 300 多万人,票款收入 7000 万元,既创造了良好的社会效益,也创造了良好的经济效益。其中,RFID 技术在系统票箱、钱箱、部件的管理、流通领域等的成功应用,为日后 RFID 技术更广泛地应用于轨道交通行业打下了坚实的基础。

试点开展分成了两个阶段:第一阶段是 RFID 技术在地铁 AFC 系统中的基础应用,即把 RFID 引入到 AFC 设备、系统、管理、运营中,实现 RFID 技术在 AFC 系统中的一个典型应用。第一阶段的工作随着北京地铁首都机场线 2008 年 7 月 19 日的开通已经基本完成。第二阶段主要立足于 RFID 技术的创新应用,这个阶段的目标是通过 RFID 技术,把手机 SIM 卡的电子钱包应用与 AFC 系统中一卡通储值票应用结合起来,形成更为方便广大乘客的具备更多高科技含量的手机电子车票系统。

试点项目启动后,CEC 和国家金卡办都给予了高度重视,制订了国产化和自主化的基本策略,并从专家、技术支撑等各方面给予大力支持,在项目实施过程中秉从国家和政府的要求,严格贯彻实施,保证全部的研究成果都具备了自主知识产权,而这些具有自主知识产权的研究成果,在北京市地铁首都机场线 AFC 系统项目中快速得到了产业化应用转换,直接投入到了国民经济建设中。

目前,作为北京地铁首都机场线和 13 号线自动售检票系统的应用软件提供商和系统集成商,拥有雄厚的技术力量和应用开发人才,曾获得国家创新基金的支持,同时在实施地铁自动售检票系统过程中在 RFID 应用方面已经积累了许多的实践经验,并且以此为平台不断进行着有关 RFID 方面的研究。

2. 试点宗旨与目标计划

(1) 试点宗旨

以北京国际机场地铁线的试点 RFID 应用为切入点,开发生产国内自主知识产权的技术和设备,借助本试点项目的影响力进行更大范围的推广,打破行业内大量依赖国外技术甚至核心技术被国外垄断的局面。以管理创新、降本增效为目标,一方面立足当前,规范 RFID 在轨道交通领域的应用标准,另一方面考虑长远,逐步积累、深入分析有价数据,为今后的智能轨道管理和服务奠定基础。基于 RFID 在手机上的应用,创新、示范手机刷卡等业务。

(2) 远景目标

① 将现有单点单业务推广到长期的、跨领域的行业。

② 将 RFID AFC 的应用引申到车辆调度、客流分析、机车管理等一系列轨道交通管理中来,形成智能化交通管理的基础。

(3) 近期目标

① 促进 RFID 在地铁 AFC 中的应用。

② 制定行业标准,规范 RFID 的标准化发展。

③ 达到 RFID 设备的自主化和国产化。

(4) 试点目标

① 标准及规范:制定中国自己的 RFID 在 AFC 系统的行业应用标准和规范,改变目前技术受制于国外的局面。具体包括接口标准规范、设备规格规范、数据交换规范、应用扩展规范等。

② 自主化和国产化:研制通用的基于 RFID 技术的 AFC 专业产品,通过自主化和国产化的设备及模块生产,达到降本增效、高国产化率的目标。

③ 技术推广:通过现有技术平台的整合,制造拥有自主知识产权、高技术含量、高质量的产品,创新车辆智能调度、站点辅助规划、手机刷卡等业务,并以北京为中心,向全国逐步推广成套的 AFC 系统,打破国外厂商独占国内市场的局面。

3. 实施计划

分以下两个阶段完成试点项目。

第一阶段:2006 年 10 月—2008 年 7 月

主要任务:系统设计、设计评审、系统开发、设备试制、设备定型批量生产等。

第二阶段:2008 年 10 月—2010 年 12 月

主要任务:实现 RFID 技术在 AFC 系统从底端到高端的全面应用,完成轨道交通自动售检票系统不论是面向乘客还是面向运营管理的革命性突破。

（1）第一阶段已完成技术研发内容和取得知识产权。

① RFID 单程票的应用；

② RFID 一卡通储值票的应用；

③ RFID 票箱的票卡物流管理；

④ RFID 硬币钱箱现金管理系统；

⑤ RFID 纸币钱箱现金管理系统。

目前已取得软件著作权三项及各种专利两项，产权完全归公司所有。

（2）第一阶段已完成业务推广情况。

目前，开发的 RFID 地铁应用技术已成功应用于北京国际机场线 AFC 系统和北京13 号线 AFC 系统。

在整个项目实施过程中，公司共取得"密钥管理系统软件"和"AFC 系统软件"等项软件著作权认证及自动售票机、半自动售票机、自动查询机的自主研发、生产能力。整个 AFC 的软、硬件生产平台已经基本搭建完成，且有专门的测试团队保证系统质量。

作为为数不多的拥有两条成功项目实施经验，且同时以系统集成商和设备供应商双重身份出现的中软 AFC，在国内 AFC 领域无疑已经成为领军企业。在未来的业务发展中，公司将继续发挥领军优势，结合 AFC 系统项目，逐步展开 RFID 技术在地铁 AFC 中的应用，促进 RFID 技术的发展。

（3）第二阶段研发内容和目标。

① 研发内容

a）基于业务数据的深度挖掘和分析系统；

b）地铁运营决策分析系统；

c）城市轨道交通路网规划分析系统；

d）客流及乘客行为分析系统；

e）手机与地铁设备交互业务射频技术的研究与开发；

f）行业相关标准、规范的制定和研究。

② 项目目标

接口标准规范、设备规格规范、数据交换规范、应用扩展规范等相关规范标准的提出和完善；实现基于 RFID 技术在 AFC 系统中的更广泛的应用；取得基于 RFID 技术在 AFC 系统中的自主知识产权和自主产品。

（4）对于项目长期性的考虑。

跨行业的业务推广与应用：引导 RFID 在轨道交通应用从目前的单点、单业务向行业的、长期的、跨领域的方向发展。

① RFID 技术的地铁 AFC 应用，将带动相关产业，如公交 IC 卡业务、银行业务、手机空中支付业务、NFC 业务等的极大发展和广泛应用，这又将进一步促进 RFID 地铁应用技术的推广。

② 相关标准、规范的制定，促进了轨道交通内部数据的交换和流通，有利于交通管理部门的统一管理和调度，成为实现智能交通管理的基础。

③ 针对采集的丰富的数据信息进行挖掘与分析，为其他管理部门开展智能轨道交通客流分析、运营组织计划、车辆调度、路网规划等一系列重大应用奠定基础。中软内部相关行业的相互补充，中软 AFC 事业部与铁路调度、通信传输系统等多个领域的相互依托，公司将

在轨道交通领域的技术、业务上形成一条龙服务,使之成为中软未来发展的主要业务增长点。

④ 从北京走向全国。伴随奥运北京地铁 AFC 系统的全面开通,在国家大力发展轨道交通建设的背景下,将系统逐步扩展到全国。

4. 效益分析

(1)降低劳动力成本:通过 RFID 电子标签自动、实时的钱箱和票箱统计,为地铁公司节约了大量劳动力成本。

(2)增大客流量:RFID 技术在地铁行业的应用,极大地提高了旅客的通行速度,吸引更多客流,增大了客流量。

(3)节约票卡成本:RFID 车票的使用,在节能环保的同时节约了票卡成本。

4.2　智慧医疗

最近几年,基于物联网 RFID 无线通信技术的智慧医疗技术在国内外医疗市场得到了广泛的应用,下面介绍各种无线技术在医疗领域的应用情况。

1. 跟踪治疗

MedDay 公司的 RegPoint 疾病监测和管理系统将患者模块集成在摩托罗拉 A760 翻盖智能手机中,无论患者居住在城市或是乡村,都能在手机的系统上接收个性化的治疗方案。患者数据通过如体重秤、血糖计或血压计等设备注册到 RegPoint 上,然后通过蓝牙技术自动传送给医生。这些措施保证了医生能够监督其治疗方案的执行情况,更正患者不恰当地使用处方药以及找出用药方面的错误并及时更正。

2. 移动观察

法国电信与 CardioGap 公司和阿维尼翁市紧急医疗援助服务中心合作,试验了不间断传输正在运送途中的病人的医疗信息的方案。紧急医疗援助服务中心的调度就可以实时地了解通过救护车运往紧急医疗机构的病人的运送条件和病情变化。

3. 远程医疗

甘肃省平凉市泾川县开通了全省首家县级医院"远程医疗会诊系统",可以 512Kb/s 的对称速率同步连接兰医一院、北京中日友好医院、日本大阪医院的"远程医疗会诊系统"终端,实现远程诊断、会诊咨询及护理、远程医学信息服务等医学活动。

4. 患者数据管理

上海东方医院在住院病房铺设了 54MB/s 无线局域网。住院处的每个临床医生使用配置笔记本无线网卡的手持式平板电脑,当其巡视病房时则直接通过手写笔,将患者每天的病情资料、诊疗意见及药剂配方输入到医院的医疗管理系统中;护士根据医生输入的巡视结果,为患者及时地调整护理方案。

5. 药物跟踪

美国制药商、经销商和零售商将 RFID 标签贴到药瓶上，然后通过配送渠道发送到目的地。使用 RFID 跟踪单个药瓶、改进库存管理、防止零售商缺货以及当药品需要召回时跟踪药品。

6. 手机求救

美国国际商用机器公司(IBM)的研究人员给手机增添了一项新功能——帮助心脏病高危者发送求救信息。新系统的核心是只有一盒口香糖大小的无线电信号转发装置，这一装置采用可进行短距离、低功率无线通信的"蓝牙技术"，可与便携式心跳监测仪和手机配合使用。当使用者心跳达到"危险"水平时，这套系统能够自动拨打一个预设的手机号码，以短信息的方式发出心跳数据。

7. 病人数据收集

加拿大 Zarlink 公司宣布正在为所谓的体域网研究体内天线设计。开发一系列人体植入医疗器件，以帮助老年人和残疾人，主要研究工作专注于为助听器和肌肉刺激器等植入器件开发天线设计和超低功率通信系统。

8. 医疗垃圾跟踪

日本垃圾管理公司 Kureha 环境工程公司使用 RFID 跟踪医疗垃圾，其主要目标是利用跟踪系统确定医院和运输公司的责任，防止违法倾倒医疗垃圾。

9. 短信沟通

哈尔滨医科大学附属第一医院使用一种依靠手机短信实现医患沟通的系统。中国移动手机用户将短信发送至指定号码(023234)后，即可获得医院回复的短信，指导患者怎样通过短信求医问药。

4.2.1　医疗纱布的计数和检测

Clear Count Medical Solutions(医疗解决方案)公司是病人安全解决方案领军企业，公司近日宣布位于美国 Louis Stokes 的克利夫兰 VA(退伍军人管理处)医疗中心是俄亥俄州东北地区首家采用该公司高新技术的医院，安装的"智能化纱布事故防止系统"用于防止纱布遗忘在接受外科手术病人体内事故的发生。

克利夫兰 VA 医疗中心是美国 5 家最大的 VA 医院之一，每年会接待 10 万人次的退伍军人来医院看病。目前，医疗中心安装的智能化纱布事故防止系统是一种基于 RFID 技术的平台，采用独特的方法识别手术室的每一块纱布。这样纱布就很容易计数和检测。这是美国食品药品管理局首次宣布采用 RFID 技术的系统。

防止纱布事故项目的团队人员有克利夫兰 VA 医院的员工和事故管理员工，他们对市场上面各种技术版本的防止纱布留存手术病人体内的解决方案进行过严格的考评。最终这个团队选择 ClearCount 公司的解决方案作为一种综合性手段，其特点是既对纱布进行计数,又可以检测纱布是否留存病人体内。自从采用智能化纱布事故防止系统以后,至今所有手术室还没有发生纱布留存病人体内的事故。

医疗中心主任 Susan Fuehrer 说:"克利夫兰 VA 医院为病人提供最好的治疗。很高兴有机会采用新的技术和创新性成果。我们的责任就是尽量提供最佳的治疗,我认为克利夫兰医院已经做到最佳中的最佳。"

现在美国所有的医院都在开始利用 RFID 技术,让纱布遗留病人体内事故真正一去不复返。

4.2.2　手腕上的健康管理

《福布斯》杂志曾预言,2020 年将出现生命传感腕式产品,统捷科技则使这种产品的生日提前了 10 年。

嘉兴统捷通讯科技有限公司整合传感技术与物联网,推出了全球首款手机手表式物联网生命传感远程健康监测监护终端——jWotch 健康腕表系列产品(又称为"腕宝"),实现了生命传感腕式产品与后台服务终端的珠联璧合,见证了 21 世纪东方大国的崛起,实现了"高科技让中国公民与美国白宫同享"。

腕宝是由美国得克萨斯州立大学教授、亚特兰大华人专业人士协会会长相建南教授带领其团队费 5 年之功力,运用心血管柔性传感器、生理信号微处理和现代物联网等当代最前端的先进科学应用技术,针对心血管患者和中老年人群开发的一款健康检测和网络化安全保障系统高科技新产品。

作为一款传感(物联)网手机手表式健康监护远程跟踪产品,它主要应用了心血管柔性传感器技术、心血管智能分析软件、现代物联网技术、健康数据检测技术、蓝牙技术、GPS 定位技术、通信技术、穿戴计算机微处理技术、健康档案查询永续技术、远程在线专家互动诊断技术、触屏技术等新科技。将健康检测、手机通话、GPS 定位、MP3 播放、收音、摄像、电子地图集合于一体。不仅能有效地分析出 35 种对心脏病、高血压、高血脂、心肌梗塞有着重要作用的心血管参数,还能实现病危自动报警、电子失踪定位、实时服药提醒、健康平台咨询、医生病历查询等众多功能。

4.2.3　联众创新医院供应室系统

供应室是医院开展医疗服务的总后勤部门,它为全院的医疗、护理、教学、科研提供各种无菌器械、敷料、用品。所供应的物品质量不仅关系到每一名患者的诊治,同时,也是最容易造成医院感染的媒介之一。因此,医院供应室是控制医院感染的关键部门。

浙江联众卫生信息科技有限公司运用物联网技术,它创新的供应室 RFID 管理信息系统,在控制医院感染中发挥着极其重要的作用。

联众供应室 RFID 管理信息系统为每个器械包配带一个 RFID 芯片,负责采集和存储器械包流程各个环节的属性信息。通过芯片,系统可以实时监控每个器械包灭菌过程中的温度、压力、时间曲线,随时查询现有器械包的存放位置,统计、分析器械包的使用情况,了解该器械包的相关信息和负责器械包管理的相关人员情况,如图 4-3 所示。

而且由于 RFID 芯片能够多次重复使用,可以为医院节约大量的成本开销,在运用

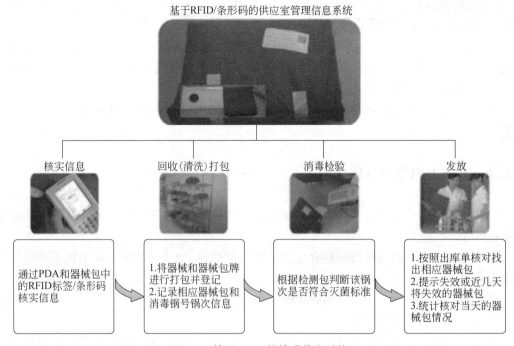

图 4-3　基于 RFID 的管理信息系统

RFID 系统进行信息化管理后,不仅使医院的工作更加高效、准确、便捷,还可做到无纸化作业,更可有效控制再生手术器械感染的发生。

4.3　智能安防

智能安防技术随着科学技术的发展迈入了全新阶段,智能安防是智能家居的重要组成部分,随着信息技术的发展,智能安防相关解决方案越来越多,人们对智能化安防越来越重视,需求越来越高。

4.3.1　上海世博的高清智能化安防

2010 年上海世博会是中国继奥运之后举办的又一届国际性盛会,也是有史以来第一次在发展中国家举办的综合性世博会,这为全面展示中国的社会成就和综合国力提供了巨大的舞台,也对促进中国经济走向世界产生了深远影响。当然,这次世博会也给安防新技术的应用提供了全面展示的空间。为保障大会安全顺利举办,2010 年上海世博会采用了"最高级别"的安保措施,开创性、大规模地应用了各种先进的安防技术。因此,上海世博会也成为世界范围内"大规模、标志性项目"的代表,为推动安防新技术、特别是近几年安防行业最热门的两大技术——高清与智能的实战化应用提供了重要契机,让安防产业在这两项技术上所做的多年准备,有了实质性的大迈步。

1. 世博监控

世界博览会从诞生之日起就是展示新技术的平台,本次上海世博也成为新技术的大秀场。从安保监控的几个代表性项目看,它们都集中体现了当今和未来安防监控发展的重要趋势,即高清和智能的规模化应用,且这些项目在规模以及高清、智能技术的应用程度上,都开创了中国乃至全球应用之先河。

例如在世博安保项目中占"重中之重"地位的上海浦东城区高清监控覆盖项目,该项目总投资逾 10 亿人民币,是截至目前为止国内最大单一视频监控项目,也是全球最大的高清监控项目。此项目有超过一万余个监控点,大规模采用了高清技术,成为中国监控市场上第一个名副其实的大型高清监控工程。

再如世博五大永久性建筑之一,也是世博核心建筑之一的中国馆,大规模地启用了智能视频监控系统,其中涉及 100 多个智能视频分析点(包括高清摄像机和智能跟踪球机点),成为整个世博园区部署智能分析点数量最多的场馆。

2. "整体解决方案"能力成角逐重点

对用户而言,"看得更清"、"很智能"都是一个最终的表现,实现这些需要一个完整的系统来支持,因此,高清和智能只有体现到前端采集、编码、传输、存储、控制、解码输出,直至中心管理平台等各个环节时才有意义,而不仅仅是提供单纯的高清网络摄像机或其他单独的设备。而此次世博项目,更是对厂商在"高清与智能"时代的竞争中所需要具备的整体解决方案的能力,要求得更为明显。

例如浦东高清项目,用户从前端传感器开始,便提出了采用大尺寸 CCD 芯片的要求,从而进一步要求摄像机需要具备更清晰的图像处理和图像表现能力。这直接考验厂商对高清摄像机核心处理技术的掌握能力,而这在过去,往往是欧美品牌的角逐点。作为国内品牌代表的海康威视,通过多年的研发投入,突破性地掌握了多项视频处理与分析技术,成功实现了 200 万像素 CCD 实时视频采集,并在高清摄像机上满足了甲方提出的各种功能和性能的要求,成为该项目中国内唯一的高清网络摄像机提供商。

传输、编解码等环节,由于高清图像包含的信息量大,因此传输带宽要求格外高,以 1 路为例,至少需要 800Mb/s 的传输带宽。如此之大的传输带宽,给传输、汇聚、交换等环节都带来了很大的压力,传统方式面临前所未有的挑战。在这次浦东项目中,海康威视凝聚多年在 TI 芯片开发和处理上的深厚积累,基于最新的 TI 芯片,通过不断优化、调试,最终开创性地提供了嵌入式高清图像编码器,将前端图像进行数字化压缩后,传输到后端进行相关的业务应用,例如存储、显示等,较好地满足了本项目中甲方对图像编码的要求。后端的派出所,是真正实战应用的使用者,他们提出的要求是需要在监控中心内设置高清电视墙解码服务器主机,这样既可以调阅实时图像上的本地高清监视器,又可以查阅历史录像。

同样,在世博中国馆的智能监控系统中,智能和高清的需求也涵盖到前端监控点、传输系统和监控中心等各个重要的部分。例如在前端,由于中国馆周界线长,每个监控点的距离在 100m 以上,因此只有部署拥有更宽视场、能掌握更多细节的高清网络摄像机和智能分析点,才能保证在有入侵事件发生时,触发摄像机能抓拍到高清晰的报警图片,并保存在系统服务器中,为报警查询及取证提供有力的证明。

为满足中国馆全方位的智能监控需求,在馆内各重要区域、监控中心等各部位,也需要部署相应的智能设备,如智能高清网络摄像机、智能 DVR、智能分析服务器、智能视频监控系统管理主机等,以此来实现高清图像抓拍、检测和跟踪非法周界入侵目标、异常事件检测、摄像机异常状态检测、智能事件后检索等丰富的功能。全面的产品线、丰富的智能分析功能,为中国馆架构了一个完整而严密的智能监控系统。

3. 国内品牌成高清与智能时代的中坚力量

浦东城区高清监控和中国馆智能监控这两大世博监控项目,通过各自从前端到后端所部署的高清和智能监控整体解决方案这两张"高科技大网",为 2010 上海世博这场展示人类科技进步的盛会做好了全力的保障。总结分析这两项目,可以得出以下几点。

首先,参与这种综合性大规模的安保项目,实际上是对技术、产品和服务的综合考验。浦东和中国馆两项目从始至终都体现了几个要素:产品系列齐全,核心技术开发,高清、智能等众多高科技的整合应用,用户个性需求的理解与满足……诸多综合要素需要厂商具备非常强大的技术、产品实力和服务能力才能实现。

其二,通过参与这场标志性的高科技保卫战,很多国内品牌成为高清与智能市场中重要的参与者,为推动安防新技术的发展和应用,做出民族品牌应有的贡献。就像海康威视,通过参与这两个项目所做的技术突破和积累,在高清摄像机、高清编解码器、高清传输、高清存储等前后端系统化的高清设备的研发和生产上,均获得了大幅度的提升;同时,大量前后端设备的应用,促进了海康威视高清和智能系统解决方案的成熟,为后一步推出更优化的全套高清和智能解决方案打下了坚实的基础。

其三,通过这次世博监控项目的实施和验证,再次证明了国内品牌在先进安防技术的开发和应用上,具备了综合的核心能力,如压缩算法、编解码设备制造技术、图像优化分析技术,以及大规模生产管理经验等。说明国内品牌有能力站到世界安防行业的前列,为世界顶级项目提供精品系统。

4. 世博中国馆

据了解,此次世博中国馆安保系统借鉴了世界各大会议、活动和赛事类场馆的设计经验,确立了"全方位、立体式"的建设目标,尤其在智能监控系统部署上提出了全面监控的要求,其中包括多种最新智能视频技术的整合应用,以下是主要需求点。

非法闯入人员自动检测、报警。为防止有人未经许可闯入中国馆,需要对馆区周界区域视频进行智能分析,对周界入侵行为进行检测;当检测到有目标入侵中国馆周界即产生报警,并驱动球机进行自动跟踪,对入侵目标进行取证。

异常事件的自动检测。对中国馆内重要区域的视频进行智能分析,对多种异常事件进行检测,包括徘徊、物品拿取、物品放置、涂鸦、违章停车等异常事件的检测。

设备正常运行的自检测。为了保障中国馆监控系统的正常运作,系统需要支持摄像机异常状态检测功能,对摄像机的多种异常状态进行检测,包括视频线断开、摄像机被破坏及摄像机被移动等。

事后快速取证。为了在发生异常事件后能够快速定位及取证,系统需要具有事件后检索功能,能够对系统内任意一路视频进行快速事件检索,及时定位异常事件发生的时间点。

同时具备多种视频监控功能。系统需要具有视频预览、视频存储、视频回放、日志管理、快球控制、电子地图等视频监控系统功能。

5. 系统实现

由于中国馆建筑宏大、监控区域覆盖范围广,为了满足上述要求,智能监控系统既要兼顾到大范围的严密防范又要做到小目标的无一遗漏。因此,系统部署在智能技术应用、功能完善、设备配置等方面,都体现了"大、全、新"的特点。

据了解,此次中国馆智能视频监控系统涉及 100 多个智能视频分析点(含高清摄像机、智能跟踪球机),在整个世博园区,无论是采用高清产品还是智能跟踪球机,中国馆的数量均为各场馆之最;同时,系统从前端视频采集,到后端分析处理及管理等各个环节,都部署了完整的智能视频监控设备,也成为目前国内甚至全球范围内最完整采用智能视频分析功能的重大项目之一。

(1) 智能视频分析

系统中智能视频分析产品对输入的视频流采用对运动目标的检测、跟踪、分类技术,将视频内的目标经背景建模、目标分割、跟踪及分类等图像识别算法,完成由图像到事件参数的转变,从而实现对各种突发事件的实时检测。

(2) 智能视频监控系统管理软件

智能视频监控系统管理软件在传统视频监控系统的基础上融入智能分析技术,支持灵活多变的接入方式,提供高可靠性的数据存储,支持丰富的业务数据统计功能,具备应急指挥能力,并提供开放式软件接口用于集成。

智能监控管理平台软件由一台高性能的服务器承载,主要完成以下功能。

① 管理配置功能:添加(注册)、修改、删除智能分析设备,监测智能分析设备的运转情况,对异常情况进行中心报警提示;智能规则的配置功能,用户可以根据需求在视频中配置各项报警规则;报警联动配置功能,用户可以根据需求配置智能报警联动方案;跟踪系统标定功能,用户可以对跟踪系统进行标定,实现球机的自动跟踪功能;支持分区域/分功能管理智能分析监控点。

② 监控功能:支持在预览画面显示智能分析结果,包括显示警戒规则、目标框和报警信息;支持在报警列表栏显示报警列表,报警列表记录了报警的时间、事件类型、发生地点等信息,用户可以在报警列表中查看报警抓拍图片及回放报警录像。

③ 报警查询及日志管理功能:支持按时间段、监控点检索、回放录像资料;支持按智能报警类型搜索及回放录像资料;支持智能报警日志的搜索及管理功能;支持下载、备份录像资料。

(3) 智能事件后检索

支持对历史视频录像的事件分析与检索,可以 12 倍速率从录像文件中检索包括周界入侵、徘徊、物品拿取、停车等多种异常事件,支持对不同时间段的录像文件进行智能后检索,用户可以对时间段进行配置。

6. 挑战

(1) 智能跟踪

在中国馆视频监控系统中,监控区域的大小和目标的细节是一个矛盾。如果摄像机的监控区域大,则难以得到目标的细节;如果想要得到目标的细节,则摄像机的监控区域会很狭窄。为了有效解决上述问题,部署了 L/F 双摄像机跟踪系统的方案。

该系统由两个摄像机配合组成,一台固定摄像机作为主摄像机(Leader),对大区域范围进行监控;一台高速球机作为从摄像机(Follower),得到目标的细节。当主摄像机检测到有可疑情况发生的时候,如穿越虚拟警戒墙、进入警戒区域、徘徊等,主摄像机发送指令控制从摄像机(球机)进行云台旋转和镜头缩放,锁定触发报警的目标并对其进行自动跟踪,使目标持续放大以显示在画面中央,这样可以看到更清晰的目标特征,以利于实时的判断和事后对照取证。

双摄像机跟踪的效果是:静态摄像机视野开阔,能监控较大范围的区域,但对其中的目标却很难得到细节;而配合球机后,球机能根据静态摄像头提供的信息,自动地锁定并跟踪目标,使目标以一定的放大倍数处于视野中心,得到有关目标丰富的信息。图 4-4 为用于中国馆周界上的一组 LF 跟踪图例。

图 4-4　LF 跟踪摄像机

(2) 周界入侵和高清抓拍

由于目前视频监控录像以 CIF、4CIF 格式为主,图像分辨率最大为 704×576,对于关键目标或区域,存在图像不清晰等缺陷。为改善目前这种状况,系统中采用高清摄像机对大区域进行监控,同时对触发中国馆周界入侵的报警目标做高清抓拍处理,保存的图片达到 140 万像素,分辨率为 1360×1024,这样可以大大提高图片清晰度,同时为事件取证提供高质量图像。

7. 传承奥运,再谱安防新篇章

世博中国馆智能视频监控系统首次将智能视频分析、高清球机智能跟踪等多种先进技术融入到视频监控系统中,谱写了"高清"与"智能"产品应用的新篇章;实现了对潜在可疑目标和异常事件的主动预警作用,提高了中国馆安保工作的管理效率。对安防新技术的大量整合应用,也使 2010 上海世博会成为继 2008 北京奥运之后,又一次集中展示安防技术先进性、有效性和重要性的平台,推动了安防在各个领域的深入应用。

海康威视在经过 2008 奥运安保项目的成功检验后,再次成为 2010 上海世博会安保项目的重要监控产品提供商,为中国馆以及其他标志性场馆提供了高清和智能监控整体解决方案,为国家重大活动又一次保驾护航。

4.3.2　宁波银行远程监控报警联网系统

中国建设银行宁波分行于 2009 年开展了宁波市分行远程监控报警联网系统建设,对下属各营业网点及业务单位进行联网监控,实现统一管理。海康威视为宁波建行此次联网监控项目提供了整体的解决方案,助力宁波建行打造一个覆盖所有管辖单位、集安全防范和业务管理应用为一体的综合监控平台。

1. 典型意义

(1) 大型金融联网监控的典范

宁波建行是中国建设银行的计划单列市行,归总行直属管辖。长期以来宁波建行以其雄厚的资金实力、众多的营业网点,以及先进的结算网络等诸多优势,在整个建行体系以及宁波经济建设中起到了举足轻重的作用。

宁波建行联网监控系统包括 5 个金库、130 多个营业网点(1082 个柜台、286 台附行式ATM)、90 多个自助银行,共有 5000 多路摄像机图像。监控平台运用计算机网络技术、图像编解码技术、图像数字处理技术及数据库等信息管理技术对整个系统进行联网整合,对银行业务风险内控管理与外部安全保卫防范实现统一监控和综合管理应用。高整合、大规模的联网监控系统,树立了金融监控报警联网建设的典范。系统建成后,宁波金融系统的相关单位,以及其他地区的各相关金融单位均组织前来观摩和交流,借鉴宁波建行的建设经验。

(2) 为银行量身打造的综合监控管理平台

该系统根据银行特殊的场所和业务方式,提供了包括金库异地值守、ATM 防护、报警联动预案等具有针对性的功能模块。并结合银行相关的规章制度,有效利用银行原有设备进行联动,通过系统高速智能化的处理报警信息并触发联动,达到保障流程、提高效率、节省人力的效果。例如本系统中,对分行、支行管理中心强化“监督”职责,包括对人、物及信息流的统一管理,能够做到对异常事件处理过程的实时查看,并能实现如同亲临现场指挥的效果,减少因为沟通问题带来的不必要的损失,提高异常事件处理效率。对各网点强化本地系统“执行”功能,包括对视频信息的采集、存储和发送,构建本地报警联动机制及报警信息上传、异常事件录像资料访问查询等。

系统采用“前端存储、集中监控”的模式,一方面通过分散存储提高监控录像的安全性,进一步保障宁波建行各网点的安全管理;另一方面通过集中监控,可方便分行对各下属支行及基层单位进行统一管理。同时整个系统结构模块化,每个子系统都相对独立,从而提高了整个系统的稳定性,也为扩展功能、网点改造、日常维护和新技术设备的添加提供了便利。

2. 应用背景

宁波建行联网报警监控系统的主要建设目标是:把系统作为分行连接基层机构的重要平台和业务内部管理的重要手段,凡能通过系统实施的内部管理和现场检查事项,都尽可能使用系统进行处理,起到对业务操作行为实时检查监督的作用;及时处理系统反应的违章操作、异常情况和突发事件等,在提高安全防范效果、服务质量、工作效率和节省费用开支等方面都起到很好的实际效果。

如同大多数银行一样,宁波建行在本次系统建设之前,很多网点及分支机构多是本地监控方式,各网点之间没有形成完整的监控体系;其次,由于金融安防领域缺乏统一的标准,各网点监控系统在技术体制、设备/品牌、协议等方面存在很大差异,不利于实现大范围内的统一管理、图像联网、远程控制和智能化报警处理;同时,宁波建行急需通过远程可视化的监督管理,结合业务考核进一步规范柜员的日常工作。要很好地解决上述问题,除了要充分对原有系统进行改造和利用之外,还要将安防系统与银行业务系统做到紧密的结合,并且系统规模大、涉及营业网站及业务单位数量众多,进一步增加了项目部署实施的难度。

3. 解决方案

宁波建行监控联网改造项目是以海康威视 IVMS-8100 金融智能监控管理平台为基础,对原先分散在各地管理的营业网点、自助银行、ATM 机和金库等本地的数字监控系统和报警系统进行联网改造(如图 4-5 所示),实现分行监控中心对远程营业网点、自助银行、ATM机的网络图像进行集中监控、接/处警管理、对讲通信、广播、存储管理、流媒体转发、网络数字矩阵和金库异地守库管理等功能。同时实现对现场数字监控设备的远程配置和维护、远程访问权限认证管理等功能,将监控系统的管理职责从现场转移到监控中心,解放基层网点人员对安防系统日常维护管理工作的负荷,提高安全管理人员的工作效率及安全管理水平。

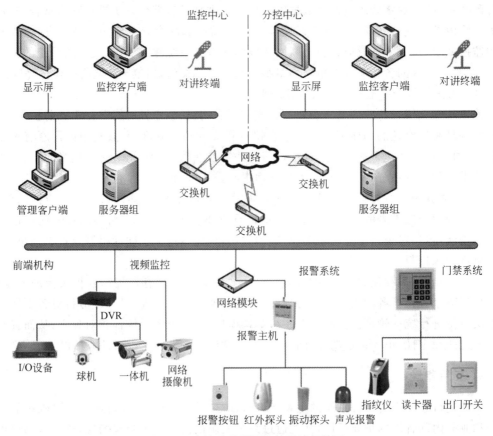

图 4-5　宁波建行联网监控系统拓扑图

通过对全市系统营业网点视频监控报警系统的数字化、网络化、智能化的联网监控管理,实现各级分管的行领导、安全保卫部门、相关业务管理部门等授权用户对远程分支机构的工作情况的随时监督抽查,对银行员工的工作状态、服务质量、办理业务等过程中的主、客户行为实施有效监督,扩大管理半径,提高集约化管理水平。

4. 实施成效

(1) 集中监控,分布管理,大幅提高银行防范抗御能力。

通过监控报警联网系统建设,实现对金库、代保管箱库、自助银行、ATM、营业场所、计算机房、柜员操作、现金操作场所、尾箱交接等部位和环节的实时监控,能够及时发现安全防范漏洞。在报警事件发生时能够及时上传报警信号,安全保卫等有关值勤人员能及时掌握现场情况,及时接警和处警,提高应对外部侵害银行事件的防范抗御能力。

为各级公检法机关提供了一个集中调阅全市网点、自助设备及周边环境录像的查询平台。查询平台为办案人员提供事件发生的过程及嫌疑人的面部肖像,对打击各种犯罪,维护储户、银行财产安全和社会的和谐安定起到了重要的作用。

实现了异地金库远程集中值守,并增加由分行监控指挥中心管理控制金库的磁力锁,增强异地金库的安全性且降低了内控风险。同时,实现异地金库现场无人值守,节约了值守人力费用,并可有效避免发生非法入侵时现场守库人员的伤亡。

(2) 整合监控资源,强化内控,建立现代化综合安全管理体系。

通过监控报警联网系统建设,将分行系统所有电视监控区域的现场情况直观地显现在分行管理机关,应用直联方式有效缩短了管理监控半径,增大了管理空间,使各类管理部门通过这一渠道强化管理与约束,有效提升银行业务部门的管理与服务能力。

有效整合监控资源,更好地实现营业录像的利用。通过查看员工操作行为,能及时发现违章现象和安全隐患,实现风险防范关口前移。同时利用科技手段加强对基层机构的检查、监督和指导,加强安全管理力度,提高检查工作效率,有效防范内部操作风险和案件的发生。

4.4　智能家居

4.4.1　海信都市春天智能社区

在青岛房地产市场上,智能化社区也一度成为重要卖点之一。许多楼书里智能化都是专门的一个章节。而当年的系列广告中,也必然有智能化的一个专版。但随着市场的快进状态,对于项目本身的研究反而呈现出慢放状态。越来越多的楼盘把注意力集中在了环境与位置上,将热情放在了回报上,居住的理想光芒没有置业投资的金字招牌更耀眼。于是,智能化变成了"鸡肋",只是项目一个必要而非重要的装饰。

当市场回归到居住这根主轴时,是否会给智能化居住一个机会呢? 毕竟,智能化家居最初的冲动,还是来自于对家的完满塑造。

为了能更直观地理解智能化与我们居住的"距离",我们来介绍海信都市春天社区,像这样的房子,这样的居住环境,会越来越多地成为一种标准居住模式。而这座社区所设置的智能化设施也是将来大部分居住者可以使用、享受到的。

8 时 41 分,我们进入社区。大概是因为在工作日,社区内没有几个居住者出现。只有几名物业人员在从事保洁,也没有人上来询问记者。不过,可以注意到园区内多处设有摄像探头。

8时45分,沿着小区的小路,小区的周边环境是老城区,情况比较复杂。社区与周边没有太多空间的距离。我们看到在部分地段,社区围墙与隔壁老楼仅有一墙相间。整个社区的外围呈现不规则图形,并且楼与楼的布局从视觉上也是不规则的,有死角。

9时2分,工作人员接到一位业主的报警:防盗门一直响个不停。

9时5分,工作人员来到报警业主家里,报警业主是一位三十多岁的女士。工作人员一进门就发现了问题原因:业主不小心启动了红外幕帘,导致业主母亲走到报警区时报警。不过,这位业主表示,自己确实没弄明白,怎么会把设置改到报警状态。工作人员告诉业主可以再仔细看看使用说明,有问题及时通知物业。

9时12分,工作人员指着设在社区围墙上的一组红外幕帘报警器,对我们说,这样的设施在小区内有上千个。这些红外幕帘报警设备组成一道红外幕墙,任何企图从外墙进入者都会触动警报。

9时20分,我们进入监控中心,看到数台监视器正在工作状态。从显示器上看到,小区各个入口与车库都在监控之下。我们特别注意了自己进入小区时的路线,发现基本都可在监视器中发现。也就是说,自己从进入小区后,虽然没有看到保安人员,但基本行动并没有脱离其视线。据工作人员介绍,在小区内大约有四十台摄像头。

9时35分,工作人员向我们演示了部分智能化设备的操作。据介绍,小区内的每一个单元门前对讲器,都可以当作临时通信设备。如遇到紧急情况,可以随时向值班人员联系。另外,每家的可视对讲也可以与物业进行视频联动。

9时45分,工作人员在监控室的一台计算机上,输入了刚才解决的业主报警问题。工作人员介绍,所有的业主报警及解决情况都要在计算机上记录,便于管理与监督解决。我们也了解到,目前不少报警都是由于业主对相关室内报警设备不了解而产生的误报。还有个别业主为了检查报警设施是否管用,故意从窗口进入。

10时3分,我们看到在监控室内墙上,有一幅周边安全报警示意图,这幅图上标明了社区的全轮廓。据称,有任何闯入者,可以立刻在这幅图上显示位置,一目了然,便于工作人员及时到位。

10时7分,离开小区。当走出社区大门时,我们似乎还能感觉到有一双眼睛在自己背后。

安防是目前智能化最主要的内容。对于大多数居住者来说,安全设备也是最直观的智能化体现。业内人士提出智能化最终应该体现为一个系统,而现有的安防系统只是大系统的一部分,更多的应该体现在服务居住的各个层次,例如,"一卡通"曾经是智能化社区的标志。但要做到真正的"一卡通",目前还很有难度,仅就交费一项,要想实现与现行交费体制的接轨,就存在标准兼容性问题。

在现代化的城乡住宅小区内,综合采用微型计算机、自动控制、通信与网络及智能卡运用等技术,建立一个由住宅小区综合物业管理中心与安防系统,信息通信服务与管理系统及家庭智能化系统组成的"三合一"住宅小区服务与管理集成系统,使小区与每个家庭达到安全、舒适、温馨和便利的环境。最终目的是使所有住户都得到满足的最佳方案。

按建设部《全国住宅小区智能化系统示范工程建设要点与技术导则》,关于住宅小区智能化分级功能设置划分为三级:一星、二星、三星。

二星级标准所采用的技术一般体现在以下几个系统。

(1)物业管理与安防系统,包括小区管理中心,小区公共安全防范技术(包括闭路电视监控、电子巡更系统、防灾及应急联动、小区停车场管理、周边防范系统、楼宇可视对讲及 IC 卡门锁)，水、电及燃气三表计量，小区公共机电设备集中监控，小区大屏幕电子广告牌。

(2) 信息通信服务与管理系统：小区信息服务网络平台(包括连接 Internet、直接提供信息服务、提供宽带的传输平台)，小区综合信息管理，综合通信接入网络。

(3) 家庭智能化系统：通过网络线实现双向交互监视和遥控功能，具有较高的智能化，具有 IR(红外线)自学习能力，可通过软件设置报警点等级与报警灵敏度，具有对操作、报警、监视和控制的双向中文语音提示和应答功能，具有报警状态远程确认功能，用户三表(电表、水表、燃气表)数据采集，具有与 ATM 和 HFC 网络的接口。

4.4.2　高端商务人士的时尚智能公寓

广州嘉裕礼顿阳光公寓项目是与广州电信携手，在广州电信光纤系统基础上，以光纤网络为核心，结合 GKB 数码屋的系列功能，推出的综合电话、高速数据传输、视频业务、住宅管理自动化、小区服务信息化等多项功能为一体的"酒店公寓综合信息智能化"解决方案。总共采用 725 套 GKB 数码屋产品，领创国际公寓新标准，给客户带来奢华时尚的智能家居新体验，为产品升值提供强有力的保证。

该智能家居设计思路是：该酒店公寓用户主要为高级商务人士和高级白领，有长租型的住户，也有短暂居住的商旅人士。目标住户比较年轻，工作繁忙，经常出差在外，下班回家时间也比较晚，工作通常都在网络上完成。

针对此类用户，为他们配置以下功能。

(1) 手机或者网络远程控制功能。让他们晚上回家之前可以通过手机或者网络打开灯光和空调，回到家里就可以享受到一个舒适的家居环境；同时，这个功能对那些通常因为工作繁忙而容易忽略家居工作的用户非常实用，早上出门忘记关灯关空调，没关系，通过手机或者网络就可以管理了。

(2) 智能灯光控制功能。通过一个遥控智能控制面板，就能控制所有灯光。

(3) 智能电器控制功能。主要配备了一个智能传感控制器，可以控制热水器、电饭锅、或者咖啡机。用户随时可以根据自己的回家时间提前给自己做好晚饭，即便加班繁忙，也可以轻松照顾好自己。

4.5　智能电网

4.5.1　金万码电力线路 GPS 巡检管理系统

1. 项目背景

信阳电力公司线路工区负责管辖下属 8 县 2 区共 50 多条高压线路，全长 6000 多千米，以及 3000 多级电力杆塔的管理与维护。

每条电力高压线路由工区各班组的近百名巡检员分工进行巡检。针对不同的巡检段可制定不同的巡检计划，例如每月 1 次、或每周特巡 1 次等。巡检员应在指定的时间段内完成巡检,通过步巡或者车巡到达指定的巡检路段。

2. 应用情况

利用 GPS 采集的经纬度坐标,可以动态地生成 GIS 地理信息图层,显示线路路径图。同时根据 GPS 巡检设备上传的杆塔经纬度信息可计算线路长度,根据定位信息可计算杆塔数量和距双向变电站的距离。根据输入的杆塔类型,可自动判别铁塔数量、耐张塔数量、直线塔数量、水泥杆数量、耐张杆数量、直线杆数量。这些数据根据定位信息改变,当线路因技改或改造后发生改变,只要重新定位数据自动更新,并在 GIS 中显示出来新的线路路径图及线路道路图。

杆塔数据库可分月巡检记录,由 GPS 巡检设备上传,并根据月巡检记录统计杆塔缺陷记录,杆塔类型由数据判别,挡距由经纬度换算数据,图纸由线路图纸调用,其他数据由高度、耐张段长度、盐密度、绝缘子检测、导线连接器测量、特巡检查、影像资料、交叉跨越测量、接地电阻测量、杆塔倾斜测量、混凝土杆裂缝检查、钢绞线及地埋金属部件锈蚀检查、检修维护、外部隐患处理、通道处理、设备变更数据筛选生成。

根据 GPS 巡线设备每月采集的线路缺陷并结合录入的电力线路基础数据和动态数据,如线路检修记录和设备变更记录等,生成电力线路的实时运行资料。使 GIS、GPS 及电力线路资料管理结合一起,使线路的运行管理、检修管理和资料的保存、查询三位一体,形成一套完整、高效、实用的新模式。统计查询部分将杆塔资料部分的运行、测量、巡视、检修表格资料按线路汇总后分类、统计、查询、打印。

以上内容构成了整条线路的运行资料,按线路来进行分类、统计、打印。相关信息关联到该线路名称下的数据库中。为线路的安全可靠运行及状态检修提供可靠、真实、有效的依据。

3. 解决问题

(1) 通过设在信阳的管理中心,可以设置各级杆塔路段和巡检线路,并对各级电力线路的巡检任务进行部署。

(2) 实现对巡检员的监控,达到集中管理的目的。

(3) 核对电力线路资源数据,获得更科学的巡检资源数据。

(4) 可以与电力系统内的 MIS 系统相结合,进行巡检情况考核,并向上一级中心提供各种线路巡检工作报表。

4.5.2 欧洲智能电网

智能电网最早出现在欧洲,因此欧洲适应智能电网的家用电器技术开发起步较早,并具有自身特色。与智能电网的运行特点相适应,信息交换、需求响应、系统管理成为智能化家用电器的新功能。同时,住宅能源管理系统、燃气热电联产装置、太阳能光伏发电装置、电动汽车等进入家庭,成为智能电网终端。

2002 年 4 月,欧盟委员会提出了"欧洲智能能源"计划,并在 2003—2006 年投资 2.15 亿欧元,支持欧盟各国和各地区开展旨在节约能源、发展可再生能源和提高能源使用效率的行动,更好地保护环境,实现可持续发展。2005 年,根据可再生能源和分布式发电的发展要求,欧洲智能电网技术论坛成立。该论坛发表的报告重点研究了未来电网的发展前景和需求,提出了智能电网的优先研究内容和欧洲智能电网的重点领域。在欧盟第五、第六研发框架计划的支持下,欧洲未来电网 SmartGrids(智能电网)技术平台在 2005 年正式启动,适应智能电网的家用电器技术开发进程也随之启动。

1. 欧洲智能电网的发展

在环境保护和清洁能源利用方面,欧盟一直引领世界的发展潮流,欧盟各国对智能电网技术的发展普遍表现出很高的积极性。早期智能电表进入欧洲家庭的主要目的是为了实现自动抄表。早在 2001 年,意大利国家电力公司就安装和改造了 3000 万台智能电表,建立起智能化的计量网络。意大利国家电力公司全面实行远程抄表,是为了解决上门扰民、浪费人力的问题,同时避免误抄、误算。

2006 年,欧盟理事会能源绿皮书《欧洲可持续的、竞争的和安全的电能策略》明确指出,欧洲已经进入新能源时代,智能电网技术是保证电能质量的关键技术和发展方向。保证供电的持续性、竞争性和安全性是欧洲能源政策最重要的目标,也是欧洲电力市场和电网必须面对的新挑战。未来整个欧洲的电网必须向用户提供高度可靠、经济有效的电能,并充分开发利用大型集中式发电机和小型分布式电源。

目前,欧盟多个国家都在加快推动智能电网的应用和变革。与美国不同,欧洲智能电网主要侧重于清洁能源的利用,特别是将大西洋的海上风电、欧洲南部和北非的太阳能电融入欧洲电网。同时,欧洲电网还将接入大量分布式微型发电装置——住宅太阳能光伏发电装置、家用燃气热电联产装置等,以实现可再生能源大规模集成性跳跃式发展。据测算,如果欧洲 1.83 亿用户全部接入智能电网,可以降低 12% 的电力消耗(18GW)。

2008 年 7 月 1 日,意大利国家电力公司(ENEL)负责启动了欧盟 11 个国家 25 个合作伙伴联合承担的 ADRESS 项目。该项目总预算为 1600 万欧元,目的是开发互动式配电能源网络,让电力用户主动参与到电力市场及电力服务中。2001—2008 年,意大利国家电力公司累计安装了 3180 万块智能电表,覆盖率已达到 95%。

2009 年 4 月,西班牙电力公司 ENDESA 牵头,与当地政府合作在西班牙南部城市 PuertoReal 开展智能城市项目试点,包括智能发电(分布式发电)、智能化电力交易、智能化电网、智能化计量、智能化家庭,共计投资 3150 万欧元。当地政府出资 25%,计划用 4 年完成智能城市建设。该项目涉及 9000 个用户、1 个变电站以及 5 条中压线路和 65 个传输线中心。

2009 年 6 月,荷兰阿姆斯特丹选择埃森哲(Accenture)公司帮助自己完成"智能城市(SmartCity)"计划。该计划包括可再生能源利用、下一代节能设备、CO_2 减排等内容。法国的规划从 2012 年 1 月开始,将所有新装电表更换为智能电表。英国能源和气候变化部 2011 年 3 月 30 日宣布,将于 2019 年前完成为英国 3000 万户住宅及商业建筑物安装 5300 万台智能电表的计划。目前英国的人口约为 6000 万,约有 2300 万户家庭,该计划几乎涉及英国所有住宅和商业建筑物。

智能电网运行管理中心可以对电力供应侧和需求侧同时实施控制,不仅可以实现供应侧对需求侧负荷变化的及时调节,而且可以调节需求侧用电设施的运行状态,稳定电网运行,改善供应和需求两侧的运行经济性。与以往供用电双方以合同方式规定负荷水平的作法不同,智能电网可以使供应侧和需求侧的响应更及时,调节范围更大,电网的电能质量更高。

欧盟委员会认为,建设新一代电网是今后10年内欧洲最大的基础设施建设项目。欧洲宽带通信设备制造商 PPC 公司对新一代电网建设发展的估计极其乐观。业内人士普遍认为,到2015年前后智能电网将覆盖大部分欧洲城市。西门子公司相关负责人指出,到2014年,建设新一代电网所需产品的市场规模将达到300亿欧元。

2. 家用电器的智能化技术

智能电网的发展促使家用电器技术必须做出相应的发展,未来家用电器必须具备与上位控制系统和互联网相连接的功能。用户能通过上位控制系统或互联网进行远程实时监控,了解和控制家中各种电器的运行状态,并根据需要在网上为电器选择运行模式和程序。据德国政府估计,仅提高供电和用电效率这一项措施所节省的电力,就等于250万户家庭一年的耗电量。

(1) 智能家电开发项目

智能家电开发项目(SMART-A)是欧洲智能能源(IEE)项目的子课题之一,2007年1月—2009年9月实施,是研究家用电器适应智能电网应用的技术发展课题,希望通过家用电器的智能化管理实现全社会的低碳化。承担项目的机构有德国波恩大学、英国帝国理工学院、英国曼彻斯特大学以及家电制造企业和节能机构。

该项目的主要目标是深入分析技术问题、用户偏好、技术经济性以及实现与智能电网发展相适应的家用电器的潜力,促进家用电器制造商、当地能源系统制造商以及电力系统之间的协调发展,提出智能家用电器开发模式和实施战略建议,并确定统一的信息交换标准。

该项目实施完毕后,获得了诸多成果。首先,该项目明确了家用电器在较大规模的电网系统中进行智能化运行的设计要求;其次,评估了消费者对智能家用电器的喜好,提出了促进消费者接受这类产品的建议;第三,确定了在风力发电比例较高的未来电网中实现供需平衡的目标,对家用电器采用需求响应技术的经济效益进行了详细分析;第四,评估了智能家用电器与区域内可再生能源发电和热电联产发电进行互动的技术经济性;第五,对在欧洲各地不同应用条件下使用智能家用电器的技术经济性进行全面分析;第六,为有关各方提供了智能家用电器的发展模式和路线图,包括引入智能电器的战略建议和实施相应奖励政策的建议。

(2) 需求响应技术的发展

适用于智能电网的家用电器首先要具备与智能电网协调运行所需的智能化水平,具备信息交换功能是这类家用电器的基本特征。意大利家电企业梅洛尼公司是最早开发利用公用通信网络、实现信息交换的家电企业。1995年,梅洛尼公司的分支企业——意黛喜公司成功开发出具有信息交换功能的洗碗机,又在1999年展示了世界上第一台利用 GSM 无线网络连接互联网的洗衣机。梅洛尼公司在随后几年投入大量资金研究在线服务、智能家电产品联网,以实现家电产品的信息化。

2009年10月,伊莱克斯公司、意黛喜公司、ENEL 以及意大利电信公司4家企业在罗马签订协议,共同研究和发展下一代家用电器技术,利用 ENEL 的远程管理网络以及意大利电信公司的固定和移动宽带网络,实现家电产品的远程管理和需求响应。该合作开发计划以Energy@Home 命名,目的在于通过调节家电产品的运行状态,降低电网的高峰负荷。

该项目是智能电网技术发展的组成部分。利用电网与家电产品的双向信息交换,家电产品可以根据电网运行发出的要求以及价格变化信息,自行调节运行模式,从而有效避免电网过载及供用电负荷不平衡。用户可以利用计算机、移动电话以及家电产品自带的显示装置,了解住宅的电力消费状况以及产品运行状态,并利用互联网调整需求响应方案。

该试验项目预计实施 1 年,参与试验各方的大致分工为:ENEL 公司负责提供远程抄表管理系统和运行管理,该系统能够利用电信网络与家电产品进行通信;意大利电信公司负责提供固定和移动宽带网络,这些网络将采用 Alice 家庭网关和 ZigBee 无线技术,使家电产品与电网的监控中心进行双向信息交换;伊莱克斯和意黛喜公司则利用智能家电产品以及相应的控制程序,实现产品之间以及产品与电网之间的信息交换,以便对家电产品实施优化运行管理。

类似的试验计划 2008 年已在英国开始实施,以抽签方式免费为 3000 个家庭提供具有需求响应功能的冰箱。同时,英国软件开发企业 RLtec 公司正在开发将多户家庭的冰箱进行集中监控的需求响应技术。该技术的原理是对监控网络内的电网响应要求和冰箱实际状态进行差异化的模式运行和控制,从而使得电网需求侧的特性更好地满足电网所需的响应要求,电网参数更为稳定。英国国家电网以及英国帝国理工学院参与了相关的试验工作。RLtec 公司的需求响应软件名为"动态需求",对冰箱压缩机运行状态以秒为单位进行连续监控和调节,精确满足电网所需的响应要求。试验结果表明,冰箱的使用性能以及压缩机等主要部件的可靠性,并未受到不良影响。

德国弗劳恩霍夫的研究人员开发出一种可置于电表内、用于合理调节电力消耗的软件,可将电力供应商(EVU)对几分钟和几小时后电力价格发展情况的预计信息与用户的需求和意愿相结合。运行时,如果电费上涨,并非简单地将空调或者洗衣机马上关掉,更明智的做法是把冷柜或者冰箱作为能量储存器使用。如果 EVU 提示 2 小时后电费上涨,这些设备可以预先制冷,以保证之后很长时间无须用电。这一做法也适用于热水器和暖气。

3. 分布式发电装置并网

欧盟各国的可再生能源发电比例已经从 1997 年的 13.9% 增长到 2010 年的 22.1%。

欧洲议会 2009 年通过了促进可再生能源利用的法令,规定到 2020 年欧盟地区的可再生能源供应量应达到全部能源供应量的 20%。而欧盟 15 个成员国(EU15)(2004 年前欧盟的 15 个成员国)的可再生能源工业的目标是 2020 年可再生能源发电量达到总发电量的33%。在一系列能源政策的引导下,欧洲确定了分布式发电的发展方向。与之相适应的研究重点集中在动力与能源转换设备、资源深度利用技术、智能控制和群控优化技术以及综合系统优化技术上。其中,与电网相关的研究主要针对分布式发电系统的电网接入技术,以及解决分布式发电与现有电网设施的兼容、整合和安全运行等问题。

(1)可再生能源的挑战

实现电力供应与需求的互动、协调,最大限度发挥现有电力系统的潜力,实现电力系统效率、可靠性以及电能质量的全面提高,并为用户带来经济效益是欧洲智能电网的基本目标。然而,大量分布式微型发电装置的并网是欧洲智能电网发展遇到的现实问题。2009 年初,欧盟有关圆桌会议进一步明确要求依靠智能电网技术将大西洋的海上风电、欧洲南部和北非的太阳能电融入欧洲电网,实现可再生能源的跳跃式发展。

在英国,智能电网的探索方向是可再生能源发电和智能配电。英国能源公司计划建设的 8.6GW 潮汐发电工程,将成为世界上最大的潮汐发电站,并计划于 2020 年把利用风力发电获得的电力直接输入城市电网。

但是,可再生能源利用存在一个突出问题,就是目前得到广泛应用的太阳能和风能发电受气象条件影响严重,供应状况稳定性差,气象条件的任何变化都会立即导致发电量变化。在电力需求增加或供应下降时,电网频率有可能发生变化。当大型风电场的风速明显降低,或太阳能电站上空飘过一片云时,电网频率可能会下降。若频率下降幅度达到 1Hz,应急发电装置必须立即增加供电量;若电网频率下降幅度达到 48.8Hz,欧洲电网运行管理中心必须切断部分线路的供电,这意味着一些地区会因此停电。

在英国电网中,典型的电能流向是从北向南,在低压用户端(电压为 400V)有一定数量的家庭使用燃气热电联产机组或太阳能光伏发电装置、风力发电装置。虽然原来的输电网仍然存在,但是新建的输电网更多的是互动供电网络。互动住宅供电可以将住宅中剩余的电力逆向输入电网,这是英国电力法中已明确规定的运行方式。因此,电网公司面临着技术上的改进和创新(如需要双向保护等),这种互动供电给电网的稳定控制和调度造成很大困难,不但给电网技术、体系、市场、管理等方面造成影响,而且对传统的供电、发电、输电、配电也是一种挑战。

同时,在用电负荷侧对电网稳定运行的要求进行响应,是近年来智能家电技术发展的新课题。以冰箱为例,冰箱与电网运行管理中心之间可以进行双向信息交换,在电网供需平衡出现异常时,冰箱的控制装置会立即做出响应,根据电网频率的变化幅度以及冰箱内各区域的温度,在完全不耗电或低耗电模式下运行。一般情况下,只要冰箱内相应区域的温度不高于规定范围,压缩机将处于停机状态。不同家电产品的需求响应模式有所不同,目前欧洲家电企业正在积极开发这类产品。

(2) 燃气热电联产装置的推广

在欧洲智能电网技术课题中,家用燃气热电联产装置并网技术的发展,将促进燃气热电联产装置的普及。

燃气热电联产装置的并网与太阳能光伏发电装置的并网有相似之处,两者均由电网末端向电网供电。燃气热电联产装置的优点在于供电时间和功率更易控制。利用智能电网的信息交换功能,使用者可以规定家用热电联产装置向电网供电的时间和供电量。利用智能电网进行协调运行,不仅能够实现双向的实时信息交换,更有利于提高电网的可靠性、电能质量和运行效率。

目前,英国政府鼓励家庭安装微型发电装置,如家用燃气热电联产装置。在利用燃料获得电能的过程中,通常需要先将燃料的化学能转换为热能。按照热力学原理,热能不可能全部转换为电能,发电过程必然产生副产品——热量。热电联产是对发电过程中产生的两种形式的能量——电能和热能均加以有效利用。家用燃气热电联产装置的典型运行方式是将燃气转换为动力或直接发电,同时回收利用热能。因此,相对于大型发电设备而言,家用燃气热电联产装置的能源利用效率可以提高 1 倍左右。不过,目前英国家用燃气热电联产装置的安装数量仍然很少,还没有对英国电网的运行造成明显影响。

与日本家用燃气热电联产机组主要采用内燃机为原动机的做法不同,欧洲的产品则更多使用外燃发动机为原动机,以斯特林循环为主,少量采用朗肯循环。采用外燃发动机的产品可以使用的燃料种类较多,维护工作量少,不少产品在 10 年或 10 年以上的使用期内无须维修。但是,这种产品的热电转换效率较低,通常为 15%～20%,结合热利用措施后,一般热利用效率约为 80%。2010 年,德国大众和 LichtbLick 能源公司合作生产家用燃气热电联产机组,该产品最突出的特点是采用了先进的烟气冷凝热回收技术,热利用效率高达 94%,机组的热电转换效率超过 20%。大众公司和 LichtbLick 能源公司计划的年生产能力为 1 万台以上。

（3）住宅能源管理系统

适应智能电网的家用电器与智能电网的互动是复杂而迅速的过程。一般情况下,用户不具备运行管理的专业知识,只能依靠家用电器的智能化控制功能实现响应的准确和敏捷。通常要求在基本不影响用户使用舒适性、便利性和使用习惯的情况下,实现家用电器与智能电网的互动。一般情况下,互动过程是在用户没有察觉的情况下完成的。显然,这与目前市场上宣传较多的、具有多媒体特征的智能家用电器不同。恰恰相反,适应智能电网的家用电器几乎不需要操作界面,更不需要多媒体界面,只需通过集中管理系统或其他操作界面就可实现对家用电器运行参数的设定和管理。

优化家用电器的运行管理以实现节能是近年来家用电器节能技术发展的主要方向,包括太阳能热水器与燃气热水器的联合运行,热泵系统与太阳能热水器或燃气热水器的联合运行,以及如何更经济地利用夜间电网负荷低谷时段价格低廉的电力。多种功能相同或相似的家用器具的集成配置,大大增加了用户的操作量。同时,由于存在运行优化的问题,用户更加难以应对各种复杂的操作。解决措施是将相关器具的管理装置实现信息交换,利用信息技术进行管理。因此,家电智能化要求集中管理,及时对各个末端的运行状态进行优化调节,最大限度提高住宅内各种耗能器具所构成系统的运行经济性,降低燃气、电力和热能消耗。智能化住宅管理系统（HEMS）是家用电器和家用燃器具等所有智能器具的集中管理装置,可以在一个操作界面上实现对所有器具的集中管理。

在成功开发具备利用网络进行信息交换的家用电器后,意黛喜公司与意大利帕尔马大学合作,开发用于家用电器联网的低成本电力线通信（PLC）系统方案。

该系统基于智能适配器——一种把家电连接至网络的设备,具备 HEMS 的主要特征。智能适配器内置通信节点（基于任何协议）和电表,位于家电和电源插座之间。通信节点确保住宅区域网（HAN）连接,电表则分析输入的电流,并产生与家电本身相关的有用信息（功能、统计、诊断和能耗）。与 HAN 的连接通过电力线调制解调器实现,可以是任何标准协议,包括 IEEE 802.15.4（ZigBee）等 ISM 频段 RF 无线通信标准。相应的家用电器使用一种被称为"电源调制"的点对点技术与智能适配器通信。这种技术基于对内部负载的调制,电表会检测并解调该调制。智能适配器消除了白色家电的通信节点成本,但是这种产品的成本对于家电市场而言仍偏高,较难推广。

随着技术发展,HEMS 的技术经济性趋于合理,并作为家用电器的新品种进入欧洲家庭。HEMS 的主要功能是作为家用电器的上位管理装置,代替以往的操作人员监控家用电器。各种家用电器利用住宅内的信息网络通过 HEMS 进行信息交换。信息交换的范围不限于住宅内,也可以利用家庭网关与互联网相连,从而实现与外部的信息交换。

实现住宅能源装置的网络化管理,理论上可以利用通用的个人计算机（PC）安装相应的软件和数据交换接口实现。不过,作为一种专用的计算机系统,HEMS 用于家用电器的运行管理更易于被消费者掌握。HEMS 功能明确、性能可靠,对于消费者而言,只要通过智能电表接收电网管理中心的运行指令,就可以确定智能家电是否响应这些电力信息以及如何响应。同时,用户可以做到心中有数,清楚知道各种家电（连接在电力线网络上）的耗电量,而建立 HAN 通信意味着用户不再需要浪费时间陪着上门服务的技术人员检查故障元件或者软件。对于电力企业而言,不但能够远程控制并监视各住宅的实时用电情况,还能在电能损耗探测和出现偷电行为等特殊环境下,直接向用户发出电力报警信息。

英国移动通信公司正在开发推广智能分布式能量控制系统,利用智能移动电话远程操控家用燃气热电联产机组或其他家用电器。用户可以在回家前启动家用燃气热电联产机组,并根据市场价格决定是否发电。目前,利用智能移动电话作为 HEMS 的远程操作界面,几乎已经成为全球 HEMS 系统的标准配置。德国美诺公司已在鲁尔地区为数以百计的家庭提供可以远程监控,并根据不同时段电价设定开启时间的智能洗衣机。此外,美诺公司还开发了一种调节器,安装这种调节器后,老式家用电器也能达到一定程度的智能化。

思考题

1. 简述 AFC 系统。
2. 简述在医疗领域应用的几种常用无线技术。
3. 智能监控管理平台软件的主要功能有哪些?
4. 简述如何利用视频监控技术达到智能安防的目的。
5. 智能安防的挑战有哪些?
6. 简述欧洲智能电网的发展。
7. 家用电器的智能化技术对人们的生活会有哪些影响?
8. 结合现有技术和个人感受,谈一下智能家居的功能应该包括哪些方面。

第5章 物联网安全

随着物联网建设的加快,物联网的安全问题必然成为制约物联网全面发展的重要因素。在物联网发展的高级阶段,由于物联网场景中的实体均具有一定的感知、计算和执行能力,广泛存在的这些感知设备将会对国家基础设施、社会和个人信息安全构成新的威胁。一方面,由于物联网具有网络技术种类上的兼容性以及业务范围无限扩展性等特点,因此当大到国家电网数据,小到个人病例情况都连接到看似无边界的物联网时,将可能导致更多的公众个人信息在任何时候、任何地方被非法获取;另一方面,随着国家重要的基础行业和社会关键服务领域如电力、医疗等,都依赖于物联网和感知业务,国家基础领域的动态信息将可能被窃取。所有的这些问题使得物联网安全上升到国家战略层面,成为影响国家发展和社会稳定的重要因素。

5.1 物联网安全问题分析

对于无法保证隐私信息以及不能提供完善安全措施的新技术,用户是不会在他们的生活中应用的。如果物联网的安全问题不能得到很好的解决,或者说没有很好的解决办法,将会在很大程度上制约物联网的发展。从物联网的概念中可以得知,物联网是一种虚拟网络与现实世界实时交互的新型系统,其核心和基础仍然是互联网,是在互联网基础上的延伸和扩展,其特点是无处不在的数据感知、以无线为主的信息传输、智能化的信息处理,用户端可以延伸和扩展到任何物品与物品之间,进行信息交换和通信。因为与物联网相结合的互联网本身就早已存在许多安全问题,传感网和无线网络与一般网络相比存在着特殊的安全问题,而物联网又以传感网、无线网络为核心技术,这更是给各种针对物联网的攻击提供了广阔的土壤,使物联网所面临的安全问题更加严峻。

5.1.1 物联网安全特点

物联网安全的相关技术特点有可跟踪性、可监控性、可连接性。

1. 可跟踪性

可跟踪性说明人们在任何时候都能知道物品的精确位置和周围环境参数。物联网的可跟踪性在航空业与公安部门应用很广,部分航空公司采用 RFID 技术,跟踪查找乘客失踪的行李。公安机关利用跟踪定位查找失踪人口的下落,既节省了人力物力,也提高了工作效率。物联网结合移动通信技术,使用无线网络对物品进行兼容与控制。假若物联网结合手机的 3G 网络,那将使人们的生产和生活发生极大变化,使之更加便捷和安全。例如在外地的子女给老人戴上智能传感手表,利用手机随时了解父母的血压等身体状况。又如嵌入传感器的智能住宅,能在主人离家时自动关闭门窗和水电气,并定时发送安全情况信息给主人。再如在物流领域中,通过使用射频识别技术,在途中运输的货物和车辆都嵌入电子标签,利用路边的定点读写器读取信息,再通过通信卫星将信息传送给调度中心,动态跟踪整个运输过程,这样就可以防止运输货物的丢失,保证运输安全。

2. 可监控性

物联网可以通过物品来实现对人的监控与保护。以医疗系统中的健康监测为例,健康监测用于人体的监护、生理参数的测量等,可以对人体的各种状况进行监控,将数据传送到各种通信终端上,这样医生可以随时了解被监护病人的病情,以进行及时处理。另外,在射频自动识别不停车收费系统(ETC)中,通过安装在车辆挡风玻璃上的电子标签与在收费站ETC车道上的微波天线之间的专用短程通信,利用计算机联网技术与银行进行后台结算处理,从而达到车辆通过路桥收费站不需停车就能缴纳费用的目的,可以对经过的车辆进行监测,记录车辆的收费情况,并最终将数据传送至收费中心,进行自动化的收费处理,大大提高了车辆的通行效率。

3. 可连接性

物联网通过与移动通信技术结合,实现物品通过无线网络的控制与兼容。例如在汽车及其钥匙上都植入微型感应器,醉酒驾车的现象就可能被杜绝。当喝了酒的司机拿出汽车钥匙时,钥匙能通过植入其中的气味感应器察觉到酒气,并通过发射无线信号让汽车"不要发动",汽车就会自动罢工,并能够"指挥"司机的手机给他的亲友发送短消息,通知他们司机的位置,让亲友们来处理。又如商场超市里销售的禽肉蛋奶,在包装上嵌入微型感应器,顾客用手机扫描就能了解食品的产地和转运、加工的时间地点等各个环节,是否绿色安全等一目了然,甚至还能显示加工环境的照片。

5.1.2 物联网安全挑战

物联网安全的挑战可以分为传统技术安全的挑战以及特殊技术的挑战。

1. 物联网传统技术安全挑战

(1)移动通信的安全问题

随着3G手机在我国得到迅速的应用和推广,由3G手机带来的安全隐患也随之而来。3G(3rd-generation,第三代移动通信技术),是指支持高速数据传输的蜂窝移动通信技术。若将3G手机与物联网智能结合,会使得人们的生活更加方便,进而改变人们的生活方式。但是,3G手机是否安全将直接影响物联网的安全。其一,3G手机与计算机同样存在多种多样的漏洞,漏洞病毒会影响物联网的安全;其二,手机虽然简便易携带但是也极易丢失,这样就可能会对用户造成一定损害。

(2)信号干扰

若物联网的相关信号被干扰,那么对个人或国家的信息安全会有一定威胁。个人利用物联网高效地管理自身的生活,智能化处理紧急事件。然而,若个人传感设备的信号遭到恶意干扰,就极易给个人带来损失。对于国家来说也一样,若国家的重要机构使用物联网,其重要信息也有被篡改和丢失的危险。例如,银行等重要的金融机构涉及大量个人和国家的重要经济信息。通常这些机构中配置了 RFID 等物联网技术,一方面有利于监控信息,另一方面成为了不法分子窃取信息的主要途径。

（3）恶意入侵与物联网相整合的互联网

物联网建立在互联网的基础上,高度依赖于互联网,存在于互联网中的安全隐患在不同程度上会对物联网有影响。目前,互联网遭受的病毒、恶意软件、黑客攻击层出不穷,同样,在物联网环境中互联网上传播的病毒、恶意软件,黑客如果绕过了相关安全技术的防范,就可以恶意操作物联网的授权管理,控制和损害用户的物品,甚至侵犯用户的隐私权。让人忧心忡忡的,像银行卡、身份证等涉及个人隐私和财产的敏感物品,若被他人控制,后果会不堪设想,不但会造成个人财产的损失,还会威胁到社会的稳定和安全。

2. 物联网特殊技术安全挑战

物联网除了传统网络安全威胁之外,还存在着一些特殊安全问题。这是由于物联网是由大量机器构成的,缺少人对设备的有效监控,并且数量庞大、设备集群度高,物联网特有的安全威胁主要存在于以下几个方面。

（1）节点安全

由于物联网的应用可以取代人来完成一些复杂、危险和机械的工作,所以物联网感知节点多数部署在无人监控的场景中。那么,攻击者就可以轻易地接触到这些设备,甚至通过本地操作更换机器的软硬件,从而对它们造成破坏;另一方面,攻击者可以冒充合法节点或者越权享受服务,因此,物联网中有可能存在大量的损坏节点和恶意节点。

（2）假冒攻击

在物联网标签体系中无法证明此信息已传递给阅读器,攻击者可以在获得已认证的身份后,再次获得相应服务。智能物品感知信息和传递信息基本上都是通过无线传输实现的,智能传感终端、RFID 电子标签相对于传统的互联网是"裸露"在攻击者的眼皮底下的,传输平台也是在一定范围之内"暴露"在空中的,在传感器领域的"窜扰"就显得非常频繁和容易。在传感器网络中的假冒攻击是一种主动攻击形式,极大地威胁着传感器节点之间的协同工作。

（3）拒绝服务

一方面,物联网 ONS 以 DNS 技术为基础,ONS 同样也继承了 DNS 的安全隐患,例如 ONS 漏洞导致的拒绝服务攻击、利用 ONS 服务作为中间的攻击放大器去攻击其他节点或主机;另一方面,由于物联网中节点数量庞大,且以集群方式存在,因此会导致在数据传播时,由于大量机器的数据发送使网络拥塞,产生拒绝服务攻击。攻击者利用广播 Hello 信息,并利用通信机制中的优先级策略、虚假路由等协议漏洞同样可以产生拒绝服务攻击。

（4）篡改或泄漏标识数据

攻击者一方面可以通过破坏标签数据,使得物品服务不可使用;另一方面可以窃取或者伪造标识数据,获得相关服务或者为进一步攻击做准备。通过向某个程序或者应用发送数据,产生非预期结果的攻击,通常为攻击者提供访问目标系统的权限。可以分为缓冲区溢出攻击、格式化字符串攻击、输入验证攻击等。一般情况下,向传感网络中的汇聚节点实施缓冲区的溢出攻击是非常容易的。

（5）权限提升攻击

攻击者通过协议漏洞或其他脆弱性使得某物品获取高级别服务,甚至控制物联网其他节点的运行。其中包括恶意代码的入侵,当恶意代码入侵成功之后,通过网络传播就变得很容易。它的传播性、隐蔽性、破坏性等和 TCP/IP 网络相比来说更难以防范,类似于蠕虫这样的恶意代码,本身也不需要有寄生文件,在这样的环境中检测和清除这样的恶意代码将非常困难。

（6）业务认证

传统的认证是区分不同层次的,网络层的认证就负责网络层的身份鉴别,业务层的认证就负责业务层的身份鉴别,两者独立存在。但是在物联网中,大多数情况下,机器都拥有专门的用途,因此,其业务应用与网络通信紧紧地绑在一起。由于网络层的认证是不可缺少的,那么其业务层的认证机制就不再是必需的,而是可以根据业务由谁来提供和业务的安全敏感程度来设计。例如,当物联网的业务由运营商提供时,那么就可以充分利用网络层认证的结果而不需要进行业务层的认证;当物联网的业务由第三方提供也无法从网络运营商处获得密钥等安全参数时,它就可以发起独立的业务认证而不用考虑网络层的认证;或者当业务是敏感业务时,一般业务提供者会不信任网络层的安全级别,而使用更高级别的安全保护,那么这个时候就需要做业务层的认证;而当业务是普通业务时,如气温采集业务等,业务提供者认为网络认证已经足够,那么就不再需要业务层的认证。

（7）隐私安全

在未来的物联网中,每个人及每件物品都将随时随地连接在这个网络上,随时随地被感知,在这种环境中如何确保信息的安全性和隐私性,防止个人信息、业务信息和财产丢失或被他人盗用,将是物联网推进过程中需要突破的重大障碍之一。如射频识别技术被应用于物联网时,RFID 标签嵌入在日常的生活用品中,用品的使用者在没有察觉的状态下,会不受控制地被扫描、定位和跟踪,这不仅涉及技术的问题,还会涉及相关的法律的问题。

3. 物联网的安全结构

物联网的层次结构决定了物联网安全机制的设计应当建立在各层技术特点和面临的安全挑战基础之上。物联网中,感知层实现监测物体标识和感知,网络层实现数据的处理和传输,应用层实现对网络层发送的信息的存储、挖掘、处理和应用。考虑到物联网安全的总体需求是物理安全、信息采集安全、信息传输安全和信息处理安全的综合,安全的最终目标是确保信息的机密性、完整性、真实性和网络的容错性,因此结合物联网分布式连接和管理(DCM)模式,物联网的安全层次应包括物理安全、信息采集安全、网络与信息系统安全、信息处理安全几个层次。物联网的安全层次结构如图 5-1 所示。

根据物联网的安全层次结构,下面结合每层安全特点对安全技术进行系统阐述。

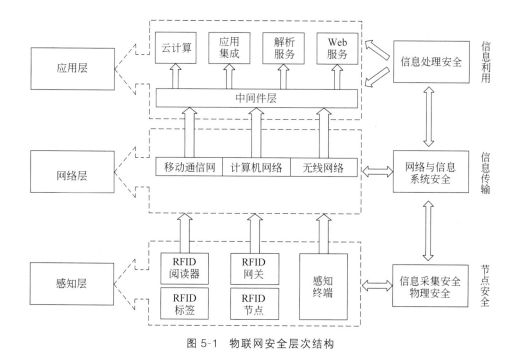

图 5-1　物联网安全层次结构

5.2　物联网感知层安全机制

物联网感知层的任务是实现智能感知外界信息,包括信息采集、捕获和物体识别,该层的典型设备包括 RFID 装置、各类传感器(如红外、超声、温度、湿度、速度等)、图像捕捉装置(摄像头)、全球定位系统(GPS)、激光扫描仪等,其涉及的关键技术包括传感器、RFID、自组织网络、短距离无线通信、低功耗路由等。

5.2.1　无线传感器网络安全机制

作为物联网的基础单元,传感器在物联网信息采集层面能否如愿以偿完成它的使命,成为物联网感知任务成败的关键。传感器技术是物联网技术的支撑、应用的支撑和未来泛在网的支撑。传感器感知了物体的信息,RFID 赋予它电子编码。传感网到物联网的演变是信息技术发展的阶段表征。传感技术利用传感器和多跳自组织网,协作地感知、采集网络覆盖区域中感知对象的信息,并发布给上层。由于传感网络是无线链路,具有比较脆弱,网络拓扑动态变化,节点计算能力、存储能力和能源有限,无线通信过程中易受到干扰等特点,使得传统的安全机制无法应用到传感网络中。传感技术的安全问题和防御方法如表 5-1所示。

目前传感器网络安全技术主要包括基本安全框架、密钥分配、安全路由和入侵检测以及加密技术等。安全框架主要有 SPIN(包含 SNEP 和 uTESLA 两个安全协议)、Tiny Sec、参数化跳频、Lisp、LEAP 协议等。传感器网络的密钥分配主要倾向于采用随机预分配模型的密钥分配方案,安全路由技术常采用的是加入容侵策略等方法。

表 5-1 传感网络安全问题及防御方法

层　次	受到的攻击	防　御　方　法
物理层	物理破坏拥塞	物理防篡改、隐藏消息优先权、低占空比、区域映射
链路层	制造碰撞攻击、反馈伪造攻击、耗尽攻击链路层阻塞	纠错编码　MAC 请求速率限制(门限)
网络层	路由攻击、虫洞攻击、陷洞攻击、Hello 泛洪攻击	加密、使用冗余、探测机制出口过滤、认证监视
应用层	去同步　拒绝服务流等	客户端谜题、认证

1. 物理攻击防护

无线传感器网络(WSN)对抗物理攻击的一种方法是当它感觉到一个可能的攻击时实施自销毁,包括破坏所有的数据和密钥,这在拥有足够冗余信息的传感器网络中是一个切实可行的解决方案。关键在于发现物理攻击,一个简单的解决方案是定期进行邻居核查(对于静态分布的 WSN 有效)。LEAP 定义了一种有效的方法来剔除被敌方捕获的存储特定信息(如密钥)的传感器节点。

物理攻击可能通过手动微探针探测、激光切割、聚焦离子束操纵、短时脉冲波形干扰、能量分析等方法实现,相应的防护手段包括在任何可观察的反应和关键操作间加入随机时间延迟、设计多线程处理器在两个以上的执行线程间随机地执行指令、建立传感器自测试功能使得任何拆开传感器的企图都将导致整个器件功能的损坏、测试电路的结构破坏或失效。

2. 密钥管理

密码技术是提供机密性、完整性和真实性等安全服务的基本技术,但传感器网络有限的资源和无线通信特征决定了密钥管理的困难性。目前针对 WSN 提出的密钥管理机制主要有如下几点。

(1) 预置全局密钥,所有节点共享同一个密钥,这种方案简单、代价小,但安全性差。

(2) 预置节点对密钥,即网络中每对节点间共享一个不同的密钥,随着网络规模的扩大全网密钥总量将快速上升,且为新插入的节点分配共享密钥困难。

(3) 随机密钥预分配,每个节点的通信代价与网络的规模无关,但密钥存储量将随网络规模增大而线性增加。

(4) 基于密钥分发中心(KDC)的密钥分配,基站作为 KDC,每个节点与基站间共享一个不同的密钥,其他节点间的密钥基于基站来建立。但通信量较大,适用于小规模网络,并且KDC 易受到威胁。

(5) 公钥密码体制,一般将消耗较多的存储空间和能量,实用性差。

LEAP 密钥管理协议支持为每个传感器节点建立 4 类密钥,包括基站共享的单个密钥、其他节点共享的对密钥、多个邻居节点共享的簇密钥及由网络中所有节点共享的群密钥。不同类型密钥的选用取决于节点与谁通信。传感器先装载一个初始密钥,基于该初始密钥生成其他密钥;为了防止传感器节点在受到攻击后威胁其他节点,初始密钥用完后将被删除。该协议是通信和能量高效的,且密钥管理过程最小化了基站的参与程度。

3. 节点攻击防护

认证是解决这类问题的有效方法。链路层安全体系结构 Tiny Sec 能够发现注入网络的非授权的数据包,提供消息认证和完整性、消息机密性、语义安全和重放保护等基本安全属性。Tiny Sec 支持认证加密和唯认证,前者加密数据载荷并用 MAC 认证数据包,对加密数据和数据包头一起计算 MAC;后者仅基于 MAC 认证数据包,并不加密数据载荷。

另外,认证和加密是阻止来源于传感器网络外部的 Sybil 攻击的有效方法,但对网络内部入侵者是无效的;对于内部攻击而言,可使每一个节点都和可信基站间共享一个不同的对称密钥,两个节点间可以基于它实现身份认证并建立其他的共享密钥。

4. 安全路由

WSN 的安全路由需要解决以下问题:建立低计算、低通信开销的认证机制以阻止攻击者基于泛洪节点执行 DoS 攻击、安全路由发现、路由维护、避免路由误操作和防止泛洪攻击。

SPIN 协议提供广播认证,基本思路是先广播一个通过对称密钥 K 生成的数据包,在一个确定的时间后发送方公布该密钥,接收方负责缓存这个数据包直到相应的密钥被公开,这使得在密钥被公布之前,没有人能够得到认证密钥的任何消息,也就没有办法在广播数据包正确认证之前伪造出正确的广播数据包;在密钥公开后,接收方能够认证该数据包,即通过延迟对称密钥的公开来取得与非对称密钥近似的效果。SPIN 适用于静态拓扑,且未解决网络流量分析等问题,一个改进的方案是用广播密钥链代替单播以减弱流量分析攻击,并提供了一种发现和去除有不正常行为节点的机制。

入侵容忍路由协议 INSENS 是为 WSN 安全路由提出的一个新方案,它的一个重要特点是允许恶意节点(包括误操作节点)威胁它周围的少量节点,但威胁被限制在一定范围内,用冗余机制的方法来解决。

5. 数据融合安全

有众多节点的无线传感器网络会产生大量原始冗余信息,数据融合是节省网络通信资源、减轻网络负荷的有效方法。一旦融合节点受到攻击,其最终得出的数据将是无效的,甚至是有害的,安全的数据融合十分必要。

融合—承诺—证实是一种安全数据融合方案,它由三个阶段组成。首先,融合节点从传感器节点收集原始数据并用特定的融合函数在本地生成融合结果,每一个传感器节点都和融合节点共享一个密钥,以便融合节点证实收到的数据是真实的。其次,融合节点对融合数据做出承诺,生成承诺标识(如基于 Merkle HASH 树结构),确保融合器提交数据后就不能再改变它,否则将被发现。融合节点向主服务器提交融合结果和承诺标识。最后,主服务器与融合节点基于交互式证明协议来证实结果的正确性。目前,安全数据融合方面的研究还不多,尚有大量的工作需要完成。

5.2.2　RFID 系统安全机制

如果说传感技术用来标识物体的动态属性,那么物联网中采用 RFID 标签则是对物体静态属性的标识,即构成物体感知的前提。RFID 是一种非接触式的自动识别技术,它通过射频信号自动识别目标对象并获取相关数据，识别工作无须人工干预。RFID 也是一种简单的无线系统，该系统用于控制、检测和跟踪物体，由一个询问器（或阅读器）和很多标签（或应答器）组成。

根据 RFID 的系统结构，RFID 的安全问题可以分为两类：一类是针对物联网系统中实体的威胁，主要是针对标签层、阅读器层和应用系统层的攻击，如表 5-2 所示；另一类是针对物联网中通信过程的威胁，包括射频通信层以及互联网层的通信威胁，如表 5-3 所示。

表 5-2　实体的主要威胁

对　象	攻击方式	描　　述
标签层	克隆攻击 欺骗攻击 非授权访问 拒绝服务攻击	复制或者伪造一个相同的 RFID 标签 利用特殊硬件设施假冒合法的 RFID 标签获得访问权限 攻击者在未授权的状态下读取 RFID 标签信息而不留痕迹 给电子标签发送恶意请求信息，使标签无法响应合法请求
阅读器层	假冒攻击	攻击者假冒成合法的阅读器窃取或更改 RFID 标签的信息
应用系统层	隐私破坏 拒绝服务攻击	通过应用系统查询标签相关信息，实现对标签的主体跟踪 伪造大量恶意请求，使得应用系统无法响应合法的请求

表 5-3　通信的主要威胁

通信信道	攻击方式	描　　述
射频通信层	窃听攻击 重放攻击 篡改攻击	攻击者窃听阅读器到标签及标签到阅读器的通信信息 充当中间人的角色，在合法阅读器及标签间重放通信信息 在合法的阅读器和标签间拦截或者修改正常的通信信息
互联网层	假冒攻击	这类攻击与传统意义上的互联网中的攻击基本一致，可以用现有的成熟的安全技术和密码机制来解决

目前，实现 RFID 安全性机制所采用的解决策略主要可以分为两大类：物理安全机制和安全认证机制。

1. 物理安全机制

使用物理方法来保护 RFID 系统安全性的方法主要有如下 5 类：封杀标签法（Kill Tag）、裁剪标签法（Sclipped Tag）、法拉第罩法（Faraday Cage）、主动干扰法（Active Interference）和阻塞标签法（Block Tag）。这些方法主要用于一些低成本的标签中，因为这类标签有严格的成本限制，因此难以采用复杂的密码机制来实现标签与阅读器之间的通信安全。

（1）封杀标签法

封杀标签的方法是在物品被购买后，利用协议中的 kill 指令使标签失效，这是由标准化组织 Auto-ID Center 提出的方案。它可以完全杜绝物品的 ID 号被非法读取，但是该方法以牺牲 RFID 的性能为代价换取了隐私的保护，使得 RFID 的标签功能尽失，是不可逆的操作，如顾客需要退换商品时，则无法再次验证商品的信息。

（2）裁剪标签法

IBM 公司针对 RFID 的隐私问题，开发了一种"裁剪标签"技术，消费者能够将 RFID 天线扯掉或者刮除，大大缩短了标签的可读取范围，使标签不能被远端的阅读器随意读取。IBM 的裁剪标签法弥补了封杀标签法的短处，使得标签的读取距离缩短到 1～2 英寸，可以防止攻击者在远处非法监听和跟踪标签。

（3）法拉第罩法

法拉第罩法根据电磁波屏蔽原理,采用金属丝网制成电磁波不能穿透的容器,用以放置带有 RFID 标签的物品。根据电磁场的理论,无线电波可以被由传导材料构成的容器所屏蔽。当我们将标签放入法拉第网罩内,可以阻止标签被扫描,被动标签接收不到信号不能获得能量,而主动标签不能将信号发射出去。利用法拉第网罩同时可以阻止隐私侵犯者的扫描。例如,当货币嵌入 RFID 标签以后,可以利用法拉第网罩原理,在钱包的周围裹上金属箔片,防止他人扫描得知身上所带的现金数量。此方法是一种初级的物理方法,比较适用于体积小的 RFID 物品的隐私保护。但如果此方法被滥用,还有可能成为商场盗窃的另一种手段。

这种方法的缺点是：在使用标签时又需要将标签从法拉第网罩中取出,这样就无法便利地使用标签;另外,如果要提供广泛的物联网服务,不能把标签一直屏蔽起来,更多时候需要让标签能够和阅读器自由通信。

（4）主动干扰法

主动干扰法使用某些特殊装置干扰 RFID 阅读器的扫描,破坏和抵制非法的读取过程。主动干扰无线电信号是另一种屏蔽标签的方法。标签用户可以通过一个设备主动广播无线电信号,用于阻止或破坏附近的 RFID 阅读器的操作。主动干扰法使用起来比较麻烦,需要特定的无线电信号发射装置,此方法可以用于装载货物的货车,在途中可以避免攻击者非法读取车中的信息。但主动干扰实现成本比较高,不便于操作,如果其使用频率与周围的通信系统相冲突,或者干扰功率没有严格的限制,则可能影响正常的无线电通信及相关通信设备的使用。

（5）阻塞标签法

阻塞标签法也称作 RSA 软阻塞器,内置在购物袋中的标签,在物品被购买之后,禁止阅读器去读取袋中所购货物上的标签。EPCglobal 第二代标准具有这项功能。阻塞标签法基于二进制数查询算法,它通过模拟标签 ID 的方式干扰算法的查询过程。阻塞标签可以模拟 RFID 标签中所有可能的 ID 集合,从而避免标签的真实 ID 被查询到。该方法也可以将模拟 ID 的范围定为二进制树的某子树,子树内的标签有固定的前缀,当阅读器查询 ID 的固定前缀时,阻塞标签不起作用。当查询到固定前缀的后面几位时,阻塞标签将阻碍查询过程。通过这种方式——选择性阻塞标签可以用于阻止阅读器查询具有任意固定前缀的标签。阻塞标签法可以有效地防止非法扫描,其最大的优点是 RFID 标签基本上不需要修改,也不用执行加解密运算,减少了标签的成本,而且阻塞标签的价格可以做到和普通标签价格相当,这使得阻塞标签可以作为一种有效的隐私保护工具。但是缺点是阻塞标签可以模拟多个标签存在的情况,攻击者可利用数量有限的阻塞标签向阅读器发动拒绝服务攻击。另外阻塞标签有其保护范围,超出隐私保护范围的标签是不能得到保护的。

2. 安全认证机制

由于各种物理安全机制存在着这样和那样的缺陷与不足,因此基于密码技术的安全机制更受到人们关注。严格的 RFID 安全机制应该能同时包括认证和加密两种功能。针对低端 RFID 系统,设计切实可行的阅读器与标签相互认证方案,是实现低成本 RFID 系统信息安全的重要途径。低成本 RFID 安全认证协议为了防止标签的伪造和标签内容的滥用,实现 RFID 系统安全目标,必须在通信之前进行阅读器与标签之间的相互认证。由于低成本 RFID 标签中的硬件资源有限,一些高强度的对称加密(AES、DES 和 3DES)和公钥加密算法(RSA 和 ECC)难以在标签中实现。目前,国内外学者已经提出了许多针对低成本 RFID 的安全认证协议,但现有的大多数协议都存在着这样或那样的缺陷,未能在协议设计的复杂度和安全性上实现完美的结合。

一般来说,根据不同的安全性需求,考虑协议的复杂性和实现成本,将 RFID 系统中的安全认证协议分为三类,分别是重量级、中量级和轻量级协议。

重量级安全认证协议,一般被称为完善(Full-fledged)的安全认证协议。它基本使用完善和安全的加密方法,例如 DES、3DES、AES,甚至包括公钥加密方法 RSA 和 ECC。具有代表性的是用于电子护照且基于 ICAO(International Civil Aviation Organization)标准的 ICAO 认证协议,它采用 64 位密钥的双密钥 3DES 算法和消息认证码,具有很高的安全强度。但由于该类算法采用比较成熟的加密手段,标签的成本很难降低,所以往往只使用在对安全性要求较高的军事、安全和金融领域,低成本的 RFID 系统不适宜采用重量级的安全认证协议。

轻量级安全认证协议采用简单的位运算代替复杂的加密算法和杂凑运算。这些位运算包括或(OR)、异或(XOR)、与(AND)、非(NOT)和移位(Rot(x,y))等。具有代表性的轻量级安全认证协议有轻量级强认证强完整性协议(Strong Authentication and Strong Integrity,SASI)和两消息互认证协议(Two-Message Mutual Authentication Protocol,T2MAP)。其中,T2MAP 协议仅需要两条消息,是所有 RFID 协议中使用消息数最小的认证。该协议规定在标签和读写器的内存中,保存相对应的标签 ID 和密钥。它几乎不需要加密电路,所以安全性也最差。由于轻量级协议主要考虑系统的成本,安全性能较差,因此主要应用于商品零售和物流跟踪等低端 RFID 系统中。

中量级认证协议使用具有一定安全强度和复杂度的杂凑运算,其安全性和复杂性介于重量级和轻量级协议之间。由于其兼顾了安全性和成本需求,已成为 RFID 领域研究的重点和热点。

下面介绍几种具有代表性的协议。

(1)哈希锁协议

哈希锁(Hash-Lock)是一个抵制标签未授权访问的隐私增强协议,2003 年由麻省理工学院和 Auto-ID Center 提出。整个协议只需要采用单向密码学哈希函数,实现简单的访问控制,因此可以保证较低的标签成本。

首先阅读器为标识号为 ID 的标签产生一个密钥 key,并计算 metaID＝Hash(key),将 metaID 发送给标签;标签将 metaID 存储下来进入锁定状态。同时阅读器把(metaID,key,ID)存储到后台数据库中。在阅读器想询问标签信息时,阅读器向标签发送询问信息,标签回复 metaID 给阅读器,阅读器通过查询后台数据库,找到对应的(metaID,key,ID)记录,然后将 key 值发给标签;标签收到 key 后就计算 Hash(key),并对比计算的 Hash 值是否与 metaID 相等,若相等,则标签把自身的 ID 值发送给阅读器,此时标签处于解锁状态,并允许阅读器读取它的信息。

为了避免信息泄漏和被追踪,Hash-Lock 协议使用 metaID(通过对标签密钥的杂凑运算获得)来代替标签的真实 ID。但由于 Hash-Lock 协议中没有 ID 动态刷新机制,并且 metaID 也保持不变,ID 是以明文的形式通过不安全的信道传送,因此 Hash-Lock 协议非常容易受到假冒和重传攻击,攻击者还可以很容易地对标签实施跟踪。可见,Hash-Lock 协议完全没有达到预期的安全目标,无法实现 RFID 系统的安全和认证需求。

（2）随机哈希锁协议

为了解决 Hash-Lock 协议中位置跟踪的问题,将 Hash-Lock 方法加以改进得到随机哈希锁协议（Randomized Hash-Lock）。在这个协议中,阅读器每次访问标签得到的输出信息都不同。

该方法中数据库存储各个标签的 ID 值,设为 $ID_1, ID_2, \cdots, ID_n$。首先,阅读器向标签发出询问,标签产生随机数 R,计算 $Hash(ID_i \parallel R)$,并将 $(R, Hash(ID_i \parallel R))$ 数据对传送给阅读器;阅读器收到数据对后,从后台数据库中取到所有的标签 ID_i 值,分别计算各个 $Hash(ID_i \parallel R)$ 值,并与收到的 $Hash(ID_k \parallel R)$ 比较,若 $Hash(ID_k \parallel R) = Hash(ID_i \parallel R)$,则向标签发送 ID_k;若标签接收到的 $ID_k = ID_i$,此时完成认证。

在该方法中,标签每次回答是随机的,因此可以防止依据特定输出而进行的位置跟踪攻击。但是,该方法也有一定的缺陷:①阅读器需要搜索所有标签 ID,并为每一个标签计算 Hash 值,因此标签数目很多时,系统延时会很长,效率并不高;②随机 Hash-Lock 不具备前向安全性,若敌人获得了标签 ID 值,则可根据 R 值计算出值,因此可追踪到标签历史位置信息。

（3）哈希链协议

哈希链协议（Hash Chain Scheme）是基于共享秘密的询问—应答协议。在 Hash 链协议中,标签和后端数据库首先要预共享一个初始秘密值,当使用两个不同杂凑函数的阅读器向标签发起认证时,标签总是发送不同的应答。在 Hash 链协议中,标签已经成为了一个具有自主更新 ID 能力的主动式标签。Hash 链协议是一个单向认证协议,即它只能完成阅读器对标签身份的认证,而标签无法验证阅读器的身份。同时不难看出,Hash 链协议非常容易受到重传和假冒攻击,只要攻击者截获了共享秘密值,它就可以进行重传攻击。此外,每一次标签进行认证时,后端数据库都要对系统内每一个可能存在的标签进行杂凑运算,因此其计算载荷非常大。同时,该协议需要两个不同的杂凑函数,也增加了标签的制造成本,不利于 Hash 链协议在低端 RFID 系统中的实际运用。

（4）基于杂凑的 ID 变化协议

该协议的执行过程与 Hash 链协议相似,但是每次会话的 ID 都不一样,该协议可以抵抗重传攻击。因为在认证之后,tag 会根据 reader 的返回消息更新自己的 ID。因此该协议中的 tag 也应该是读写 tag。但是如果攻击者的攻击是在数据库更改 ID 而 tag 还没更改 ID 时发生,将导致数据不同步,合法的 tag 在以后的会话中将无法认证。所以该协议不适用于分布式数据库的计算环境。

（5）LCAP 协议

LCAP 协议也是询问—应答协议,但是与前面的协议不同,它每次执行之后都要动态刷新标签的 ID。在该协议中,标签也是在消息接收验证通过之后才更新其 ID 的,因此它与杂凑的 ID 变化协议一样不适用于分布式数据库。

（6）分布式 RFID 询问—应答认证协议

该协议是典型的询问—应答型双向认证协议。在协议执行过程中,阅读器和标签分别生成一个随机数,只有当阅读器和标签都通过认证才可以进行访问。目前尚未发现该协议有明显的安全漏洞,但是执行一次认证需要标签进行两次杂凑运算,因此它的认证时间相对较长,并且标签的制造成本很高。

(7) 树形协议

树形协议是一类重要的 RFID 认证协议,在树形协议中,标签中的密钥被组织在一个树形结构中。在树形协议中标签的密钥是结构化组织的,在整个系统中,随着系统规模的增大,认证标签所需的搜索代价成对数倍增加,系统拥有较好的可扩展性。树形协议可以支持快速的标签认证,但是在存放标签时会占用存储空间,可能会增加标签的成本。同时,标签在认证时需要计算多次哈希函数,而标签的能力很弱,在一定的程度上意味着较长的延迟。

到目前为止,现有的大多数 RFID 协议都存在着这样或那样的缺陷。因此,设计安全、高效和低成本的 RFID 安全认证协议仍然是一个具有挑战性的研究难题。

5.3　物联网网络层安全机制

物联网网络层主要实现信息的转发和传送,它将感知层获取的信息传送到远端,为数据在远端进行智能处理和分析决策提供强有力的支持。考虑到物联网本身具有专业性的特征,其基础网络可以是互联网,也可以是具体的某个行业网络。物联网的网络层按功能可以大致分为接入层和核心层,因此物联网的网络层安全主要体现在两个方面,一方面是来自物联网本身的架构、接入方式和各种设备的安全问题;另一方面是进行数据传输的网络相关安全问题。

1. 网络层的安全需求

(1) 物联网本身的安全

物联网的接入层将采用如移动互联网、有线网、Wi-Fi、WiMAX 等各种无线接入技术。接入层的异构性使得如何为终端提供移动性管理,以保证异构网络间节点漫游和服务的无缝移动成为研究的重点,其中安全问题的解决将得益于切换技术和位置管理技术的进一步研究。另外,由于物联网接入方式将主要依靠移动通信网络,移动网络中移动站与固定网络端之间的所有通信都是通过无线接口来传输的。而无线接口是开放的,任何使用无线设备的个体均可以通过窃听无线信道而获得其中传输的信息,甚至可以修改、插入、删除或重传无线接口中传输的消息,达到假冒移动用户身份以欺骗网络端的目的,因此移动通信网络存在无线窃听、身份假冒和数据篡改等不安全因素。

(2) 数据传输的网络安全

物联网的网络核心层主要依赖于传统网络技术,其面临的最大问题是现有的网络地址空间短缺。主要的解决方法寄希望于正在推进的 IPv6 技术。IPv6 采纳 IPSec 协议,在 IP 层上对数据包进行了高强度的安全处理,提供数据源地址验证、无连接数据完整性、数据机密性、抗重播和有限业务流加密等安全服务。但任何技术都不是完美的,实际上 IPv4 网络环境中大部分安全风险在 IPv6 网络环境中仍将存在,而且某些安全风险随着 IPv6 新特性的引入将变得更加严重。首先,拒绝服务攻击(DDoS)等异常流量攻击仍然猖獗,甚至更为严重,主要包括 TCP-flood、UDP-flood 等现有 DDoS 攻击,以及 IPv6 协议本身机制的缺陷所引起的攻击。其次,针对域名服务器(DNS)的攻击仍将继续存在,而且在 IPv6 网络中提供域名服务的 DNS 更容易成为黑客攻击的目标。第三,IPv6 协议作为网络层的协议,仅对网络层安全有影响,其他(包括物理层、数据链路层、传输层、应用层等)各层的安全风险在 IPv6 网络中仍将保持不变。此外采用 IPv6 替换 IPv4 协议需要一段时间,向 IPv6 过渡只能采用逐步演进的办法,为解决两者间互通所采取的各种措施将带来新的安全风险。

2. 网络层的安全方式

(1) 数据加密

加密可以有效地对抗截收、非法访问等威胁。加密方法多种多样,在网络信息中一般是利用信息变换规则把明文的信息变成密文的信息。既可对传输信息加密,也可对存储信息加密,把数据变成一堆乱七八糟的数据,攻击者即使得到经过加密的信息,也不过是一串毫无意义的字符。对一些安全要求不是很高的物联网业务,在网络能够提供逐跳加密保护的前提下,业务层端到端的加密需求就显得并不重要。对于高安全需求的业务,端到端的加密仍然是其首选。

(2) 数字签名

数字签名机制提供了一种鉴别方法,以解决伪造、抵赖、冒充和篡改等安全问题。数字签名采用一种数据交换协议,使得收发数据的双方能够满足两个条件:接收方能够鉴别发送方宣称的身份;发送方以后不能否认他发送过数据这一事实。数据签名一般采用不对称加密技术,发送方对整个明文进行加密变换,得到一个值,将其作为签名。接收者使用发送者的公开密钥对签名进行解密运算,如其结果为明文,则签名有效,证明对方身份是真实的。

(3) 鉴别

鉴别的目的是验明用户或信息的正身,对实体声称的身份进行唯一识别,即使用者要采用某种方式来"证明"自己确实是自己宣称的某人,以便系统验证其访问请求,或保证信息来源以验证消息的完整性,有效地对抗冒充、非法访问、重演等威胁。按照鉴别对象的不同,鉴别技术可以分为消息鉴别和通信双方相互鉴别。按照鉴别内容不同,鉴别技术可以分为用户身份鉴别和消息内容鉴别。消息鉴别具有两层含义,一是检验消息的来源是真实的,即对消息的发送者的身份进行鉴别,二是检验消息的完整性,即鉴别消息在传送或存储过程中未被篡改、删除或插入。鉴别的方法很多,包括利用鉴别码验证消息的完整性,利用通行字、密钥、访问控制机制等鉴别用户身份,防止冒充和非法访问等。

(4) 访问控制

访问控制的目的是防止非法访问。访问控制是采取各种措施保证系统资源不被非法访问和使用。目前信息系统的访问控制主要是基于角色的访问控制机制(Role-based Access Control,RBAC)及其扩展模型。对物联网而言,末端是感知网络,可能是一个感知节点或一个物体,采用用户角色的形式进行资源的控制显得不够灵活,物联网表现的是信息的感知互动过程,包含信息的处理、决策和控制等过程,特别是反向控制是物物互连的特征之一。资源的访问呈现动态性和多层次性,而 RBAC 机制中一旦用户被指定为某种角色,他的可访问资源就相对固定了。所以,寻求新的访问控制机制是物联网,也是互联网值得研究的问题。基于属性的访问控制(Attribute-based Access Control,ABAC)是近几年研究的热点,ABAC 授权的核心思想是基于属性来授权,即不直接在主体和资源之间定义授权,而是由主体、资源和环境属性共同协商生成访问决策信息,访问者对资源的访问请求需由访问决策来决定是否允许,即授权决策基于行业应用相关的主体、资源和环境属性。ABAC 方法的问题是对较少的属性来说,加密解密的效率较高,但随着属性数量的增加,加密的密文长度增加,使算法的实用性受到限制,目前有两个发展方向:基于密钥策略和基于密文策略,其目标就是改善基于属性的加密算法的性能。

(5)防火墙

防火墙技术是建立在现代通信网络技术和信息安全技术基础上的应用性安全技术,越来越多地应用于专用网络与公共网络的互联环境中。大型网络系统与 Internet 互联的第一道屏障就是防火墙。防火墙通过控制和监测网络之间的信息交换和访问行为来实现对网络安全的有效管理,其基本功能为过滤进、出网络的数据,管理进、出网络的访问行为,封堵某些禁止行为,记录通过防火墙的信息内容和活动,对网络攻击进行检测和告警。

5.4 物联网应用层安全机制

物联网应用是信息技术与行业专业技术紧密结合的产物。物联网应用层充分体现物联网智能处理的特点,涉及业务管理、中间件、数据挖掘等技术。由于物联网涉及多领域多行业,因此广域范围的海量数据信息处理和业务控制策略将在安全性和可靠性方面面临巨大挑战,特别是业务控制、管理和认证机制、中间件以及隐私保护等安全问题显得尤为突出。

1. 业务控制和管理

由于物联网设备可能是先部署后连接网络,而物联网节点又无人值守,所以如何对物联网设备远程签约,如何对业务信息进行配置就成了难题。另外,庞大且多样化的物联网必然需要一个强大而统一的安全管理平台,否则单独的平台会被各式各样的物联网应用所淹没,但强大而统一的安全管理平台使得如何对物联网机器的日志等安全信息进行管理成为新的问题,并且可能割裂网络与业务平台之间的信任关系,导致新一轮安全问题的产生。传统的认证是区分不同层次的,网络层的认证负责网络层的身份鉴别,业务层的认证负责业务层的身份鉴别,两者独立存在。但是大多数情况下,物联网机器都拥有专门的用途,因此其业务应用与网络通信紧紧地绑在一起,很难独立存在。

2. 认证机制

认证是指使用者采用某种方式来"证明"自己确实是自己宣称的某人,网络中的认证主要包括身份认证和消息认证。身份认证可以使通信双方确信对方的身份并交换会话密钥。保密性和及时性是认证的密钥交换中两个重要的问题。为了防止假冒和会话密钥的泄密,用户标识和会话密钥这样的重要信息必须以密文的形式传送,这就需要事先已有能用于这一目的的主密钥或公钥。因为可能存在消息重放,所以及时性非常重要,在最坏的情况下,攻击者可以利用重放攻击威胁会话密钥或者成功假冒另一方。

对用户访问网络资源的权限进行严格的多等级认证和访问控制,进行用户身份认证,对口令加密、更新和鉴别,设置用户访问目录和文件的权限,控制网络设备配置的权限等。例如,可以在通信前进行节点与节点的身份认证;设计新的密钥协商方案,使得即使有一小部分节点被操纵后,攻击者也不能或很难从获取的节点信息推导出其他节点的密钥信息。另外,还可以通过对节点设计的合法性进行认证等措施来提高感知终端本身的安全性能。

3. 中间件

如果把物联网系统和人体做比较,感知层好比人体的四肢,网络层好比人的身体和内脏,那么应用层就好比人的大脑,软件和中间件是物联网系统的灵魂和中枢神经。目前,使用最多的几种中间件系统是 CORBA、DCOM、J2EE/EJB 以及被视为下一代分布式系统核心技术的 Web Services。

在物联网中,中间件处于物联网的集成服务器端和感知层、传输层的嵌入式设备中。服务器端中间件称为物联网业务基础中间件,一般都是基于传统的中间件(应用服务器、ESB/MQ 等),加入设备连接和图形化组态展示模块构建;嵌入式中间件是一些支持不同通信协议的模块和运行环境。中间件的特点是其固化了很多通用功能,但在具体应用中多半需要二次开发来实现个性化的行业业务需求,因此所有物联网中间件都要提供快速(RAD)工具。

4. 隐私保护

在物联网发展过程中,大量的数据涉及个体隐私问题(如个人出行路线、消费习惯、个体位置信息、健康状况、企业产品信息等),因此隐私保护是必须考虑的一个问题。如何设计不同场景、不同等级的隐私保护技术将是物联网安全技术研究的热点问题。当前隐私保护方法主要有两个发展方向:一是对等计算(P2P),通过直接交换共享计算机资源和服务;二是语义 Web,通过规范定义和组织信息内容,使之具有语义信息,能被计算机理解,从而实现与人的相互沟通。隐私保护需要发展相关的密码技术,包括访问控制、匿名签名、匿名认证、密文验证(包括同态加密)、门限密码、叛逆追踪、数字水印和指纹技术等。

5.5　物联网安全非技术因素

物联网的信息安全问题将不仅仅是技术问题,还会涉及许多非技术因素。下述几方面的因素很难通过技术手段来实现,其中包括教育和管理以及立法保护。

1. 教育和管理

首先需要通过教育让用户意识到信息安全的重要性以及如何正确使用物联网服务以减少机密信息的泄露机会。其次,在管理方面通过严谨的科学管理方法使信息安全隐患降低到最小,特别应注意信息安全管理。在信息安全管理上,能够找到信息系统安全方面最薄弱的环节并进行加强,以提高系统的整体安全程度,包括资源管理、物理安全管理、人力安全管理等。在口令管理上,许多系统的安全隐患来自于账户口令的管理,所以对于这方面的管理也应该加强。

2. 立法保护

目前监管体系存在着执法主体不集中、多重多头管理、对重要程度不同的信息网络的管理要求没有差异、没有标准以及缺乏针对性等问题,对应该重点保护的单位和信息系统无从入手实施管控。因此,我国需要从立法角度,针对物联网隐私规章的地域性、影响数据所有权等问题,明晰统一的法律诠释并建立完善的保护机制。通过政策法规加大对物联网信息涉及的国家安全、企业机密和个人隐私的保护力度,进一步加强对监管机构的人、财、物的投入,完善监管组织体系,形成监管合力,这些都是解决物联网安全和隐私问题的重要手段。

思考题

1. 物联网安全的特点是什么,请举例说明。
2. 如何理解物联网安全所面临的挑战?
3. 物联网的安全层次结构包含哪几层?
4. 物联网感知层安全机制包括哪些? 请详述。
5. 物联网网络层安全机制包括哪些? 请详述。
6. 物联网应用层安全机制包括哪些? 请详述。
7. 物联网安全的非技术因素有哪些?

第6章 RFID 实验

6.1 JX200 系列教学实验系统

JX200 WSN/RFID 物联网教学实验系统是 WSN(Wireless Sensor Network)/ RFID (Radio Frequency Identification)开发、教学、实验、通信、竞赛等一体化的高级实验平台,能够完整地完成射频识别、微功耗网状无线网络互联以及将采集数据送往互联网的全过程多种教学实验目的,其 RFID 教学实验系统是由 UHF 超高频部分、HF 高频部分和 LF 低频 125kHz 部分构成的,平台支持 125kHz ID、ISO 14443、ISO/IEC 15693(ISO18000-3)、ISO 18000-6C 标准协议。通过实验,让使用者能非常迅速地掌握 RFID 应用系统开发的能力,达到如下目标。

(1)通过实验观测 RFID 内部硬件构造,更加有效地学习 RFID 系统设计。

(2)学生可以进行实验并理解诸如防碰撞算法和 125kHz ID、ISO/IEC 15693、ISO/IEC 14443、ISO/IEC 18000-6 和 ZigBee IEEE 802.15.4 等国际标准协议。

(3)通过所提供的应用程序接口(API)可以进行 RFID 应用设计,该设备可以培养学生在不同领域内应用 RFID 系统的能力。

(4)了解无线传感网的功能,掌握数据通信的接口。

(5)掌握物联网技术的应用方法。

JX200 系列教学实验产品的参数如表 6-1 所示。

表 6-1　JX200 系列教学实验产品参数

频率	125kHz/13.56MHz/900MHz/2.4GHz
传输协议	ZigBee(IEEE 802.15.4)
协议	ID/ISO/IEC 14443/ ISO/IEC 15693/ISO/IEC 18000-6
自动应答类型	ID(125kHz)/近场(13.56MHz)/远场(900MHz)
感应区域	10cm 以内(125K、ISO 14443)/30cm(ISO 15693)/1m 以内(900MHz)
PC 接口	RS232C
电源	9V DC/12V DC

1. 实验系统硬件结构

实验系统硬件结构如图 6-1 所示。

主要模块功能简介如下。

(1)电源模块:电压 9～12V,电流 1000mA。

(2)MCU 模块:本系统采用在线可编程单片机。

图 6-1　RFID 实验系统实物图

（3）存储器模块：4KB EEPROM。

（4）RS232 模块：本接口模块可与计算机联机实验，也可通过本模块进行二次开发、对 MCU 模块进行编程、对无线通信模块进行配置。

（5）按键模块。

（6）测量点模块：可在 PC 软件端以控制方式和按键方式进行操作，两种方式通过示波器，观测测试点的 RF 相关信号。可以观测的信号包括载波信号、调试信号、调制载波信号、射频输出信号，标签返回信号等。

（7）液晶显示模块 LCD 显示屏 128×64 点阵，带 LED 背光。

（8）射频模块。

（9）天线模块。

（10）15693 DEMO card。

（11）RS232-USB converter。

（12）LED 指示灯。

2. 配套仪器

必备仪器：示波器。

选配仪器：网络分析仪、频谱分析仪、功率计、频率计、噪声系数测试仪等。

3. 系统上电检查

系统上电自检，连接好电源适配器，拨动开关处于 ON 的位置为上电状态。确保在此状态下，+12V、+6.5V、VDD、VRF、VUHF 电源指示灯正常发光，液晶应该能正常显示。如有异常，在确保电源适配器有正常 9～12V 电压输出，系统处于上电状态，而不能正常发光和显示，则系统异常，有硬件故障。

4. 控制软件界面

连接电源线及串口通信连线。听到一声蜂鸣器响后，可进行如下操作。

打开 PC_Software_Setup 文件夹，按照里面的安装说明操作后，运行 prj15693.exe 打开操作界面，设置好本机正确的端口，这也可以根据情况在安装时进行设置。软件操作界面如图 6-2 所示。

（1）查询标签 ID

将标签放于仪器天线之上，或拿在手里离天线 30cm 之内处。确认系统已经和计算机连接好，串口设置界面如图 6-3 所示。

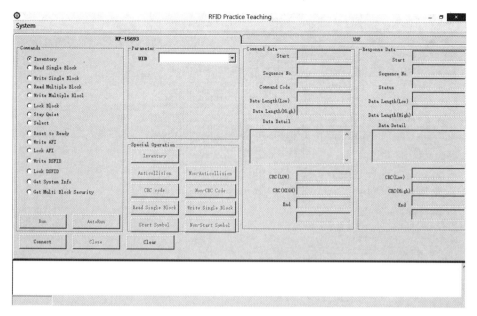

图 6-2　RFID 系统软件操作界面

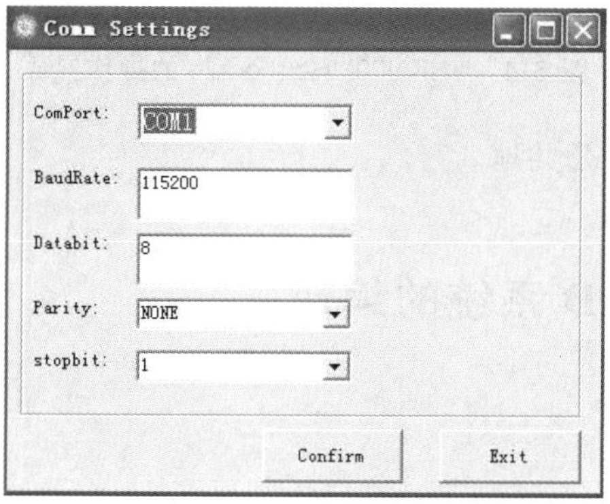

图 6-3　串口设置界面

选中 Inventory command,单击 Run,即可得到正常标签的 UID。

UHF 900MHz module 的操作界面如图 6-4 所示。

（2）测量点简介

① 测量点 XP500 的第一脚（插针上面的脚是第一脚的位置,以下同）:载波信号测试点;测量点 XP500 的第二脚（插针下面的脚,以下同）:信号公共地。

② 测量点 XP501 的第一脚:调制载波信号测试点;测量点 XP501 的第二脚:信号公共地。

③ 测量点 XP502 的第一脚:末级射频信号测试点;测量点 XP502 的第二脚:信号公共地。

④ 测量点 XP503 的第一脚:标签返回 FSK 信号放大后的信号测试点;测量点 XP503 的第二脚:调制信号,用作示波器检测时的同步触发信号。

⑤ 测量点 XP504 的第一脚:标签返回 ASK 信号放大后的信号测试点;测量点 XP504 的第二脚:调制信号,用作示波器检测时的同步触发信号。

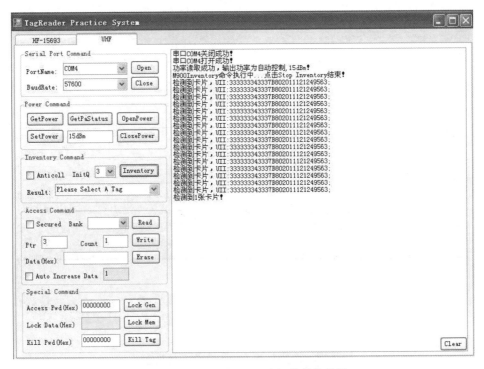

图 6-4 UHF 900MHz module 的操作界面

⑥ 测量点 XP505 信号公共地。

6.2 实验一 RFID 系统的编码

1. 实验目的

熟悉和学习 ISO/IEC 18000-3、ISO 15693 标准规范的第二部分规定的数据编码方式，掌握脉冲位置调制技术的 256 取 1、4 取 1 数据编码模式。

2. 实验内容

通过示波器观测输出的编码信号。

(1) "256 取 1"编码模式

一个独立字节的值可以通过一个脉冲的位置来表现，脉冲在 256 个连续 $256/f_c$ ($18.8\mu s$)时间段中的位置决定该字节的值，这样，一个字节耗时 4.833ms，通信速率为 1.65Kb/s($f_c/8192$)。VCD 发送的数据帧的最后字节要在 EOF 之前传输完毕。

脉冲发生在决定数值的时间段($18.8\mu s$)的后半段($9.44\mu s$)。

(2) "4 取 1"编码

"4 取 1"PPM 模式用在同时传输两位的情况下。一字节中连续的 4 个数据对，LSB 先进行传输。数据传输速率为 26.48Kb/s($f_c/512$)。

3. 所需仪器

供电电源、示波器。

4. 实验步骤

可采用 PC 软件控制方式或按键操作,两种方式通过示波器观测测试点的 RF 相关信号。可以观测的信号包括载波信号、调试信号、调制载波信号、射频输出信号、标签返回信号等。

(1) 测试线连接。

连接示波器:使用 CH2 探头,地接到 XP505,探针接到 XP503 的第二脚。

设置示波器:触发源选择 CH2。

(2) 操作。

如用 PC 软件的控制方式,需用随机配置的通信线连接 PC 和 RFID 机器,连接随机配置的电源,开启电源(RFID 机器上的电源拨动开关向下位置为开启电源),打开示波器(100MHz),在 prj15693.exe 软件里选择 Inventory 命令,然后按 AutoRun 软启动或按机器键盘上的 ▶ 键启动连续 Inventory 测量(在连续测量模式下观察信号效果更好)。

(3) 观测信号,一般如图 6-5 所示,可通过调节示波器水平扫描刻度,精确观测编码信号波形。

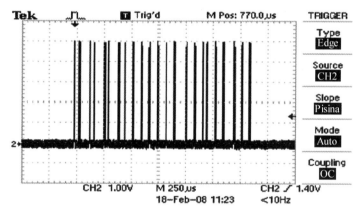

图 6-5　实验一示波器波形图

6.3　实验二　RFID 系统的载波产生

1. 实验目的

了解系统载波信号的产生原理和实现方法。

2. 实验内容

观测系统产生的载波信号。

3. 所需仪器

供电电源、示波器。

4. 实验步骤

(1) 测试线连接。

连接示波器：使用 CH1 探头，地接到 XP500 的 Pin2，探针接到 XP500 的第一脚。

设置示波器：触发源选择 CH1。

(2) 操作。

启动连续 Inventory 测量。

(3) 观测信号，大体如图 6-6 所示。

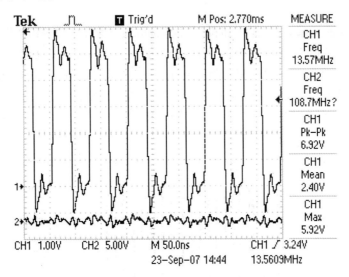

图 6-6　实验二示波器波形图

6.4　实验三　RFID 系统的信号调制

1. 实验目的

熟悉和学习 ISO/IEC 18000-3、ISO 15693 标准规范的第二部分规定的通信信号调制部分，掌握本标准的 ASK 调制技术。

2. 实验内容

通过示波器观测输出的调制信号。

3. 所需仪器

供电电源、示波器。

4. 实验步骤

（1）测试线连接。

连接示波器：使用 CH1 探头，地接到 XP501 的 Pin2，探针接到 XP501 的第一脚。

设置示波器：触发源选择 CH1。

（2）操作。

启动连续 Inventory 测量。

（3）观测调制信号，如图 6-7 所示。

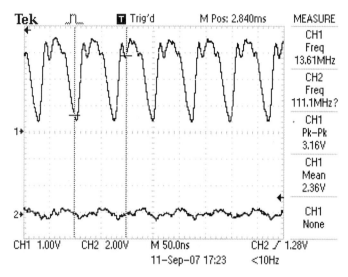

图 6-7　实验三示波器波形

6.5　实验四　RFID 系统的 RF 信号功率放大

1. 实验目的

熟悉和学习 ISO 15693 标准规范下的 HF RF 信号功率放大技术。

2. 实验内容

通过示波器观测放大后的 RF 输出信号。

3. 所需仪器

供电电源、示波器。

4. 实验步骤

（1）测试线连接。

连接示波器：使用 CH1 探头，地接到 XP502 的第二脚，探针接到 XP502 的第一脚。

设置示波器：触发源选择 CH1。

（2）操作。

启动连续 Inventory 测量。

（3）观测信号，如图 6-8 所示。

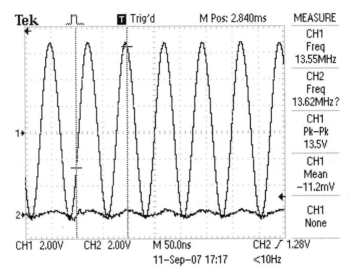

图 6-8　实验四示波器波形图

6.6　实验五　RFID 系统的末级输出调制载波信号

1. 实验目的

熟悉和学习 ISO/IEC 18000-3、ISO 15693 标准规范的 RF 末级输出调制载波信号。

2. 实验内容

通过示波器观测 RF 末级输出调制载波信号。

3. 所需仪器

供电电源、多张电子标签。

4. 实验步骤

（1）测试线连接

连接示波器：同时使用 CH1、CH2 探头，地接到 XP505，CH1 探针接到 XP502 的第一脚，CH2 探针接到 XP503 的第二脚。

设置示波器：触发源选择 CH1。

（2）操作

启动连续 Inventory 测量。

（3）观测信号

信号如图 6-9 所示。

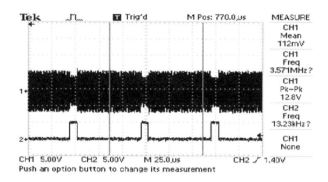

图 6-9　实验五示波器波形

思考题

1. RFID 系统正弦载波的作用是什么？
2. 简述脉冲位置调制（PPM）的基本原理。
3. ISO/IEC 15693 定义了哪种数据规范？
4. 什么是电子标签的 UID？
5. 什么是"256 取 1"编码模式？

第 7 章　ZigBee 实验

7.1　实验一　IEEE 802.15.4 协议通信实验

1. 实验目的

本实验介绍了使用 TinyOS 实现一个基于 IEEE 802.15.4 协议的物联网节点的点到点通信程序。通过实验,使学生初步掌握 TinyOS 编程的方法和步骤,并能够使用 TinyOS 开发简单实用的物联网应用程序。

2. 实验设备

(1) 2.4GHz 节点(IOT-NODE24)　　2 个
(2) JTAG 编程器　　1 个
(3) PC(含串口)　　1 台

3. 实验原理

本实验的硬件平台是 2.4GHz 无线传感器网络节点硬件(IOT-NODE24),其核心芯片是 TI-Chipcon 公司推出的 CC2420,该芯片是首款符合 2.4GHz IEEE 802.15.4 标准的射频收发器。该器件包括众多额外功能,是第一款适用于 ZigBee 产品的 RF 器件。它基于 Chipcon 公司的 SmartRF 03 技术,以 $0.18\mu m$ CMOS 工艺制成,只需极少外部元器件,性能稳定,成本低。CC2420 的选择性和敏感性指数超过了 IEEE 802.15.4 标准的要求,可确保短距离通信的有效性和可靠性。利用此芯片开发的无线通信设备支持数据传输率高达 205kb/s,可以实现多点对多点的快速组网。其 MAC 层和物理层协议都符合 802.15.4 规范,工作于免执照的 2.4GHz 频段。此芯片采用低电压供电($2.1\sim3.6$V),同时支持休眠模式,且从休眠模式被激活的时延短,因此可以分配更多的时间处于休眠状态,而处于休眠状态时芯片的能耗极低,从而大大减少了能耗,适于电池长期供电。

此外,CC2420 芯片还具有硬件加密、安全可靠、组网灵活、抗毁性强等特点,为家庭自动控制、工业监控、传感网络、消费电子、智能玩具等提供了理想的解决方案。此外,芯片已经集成了 CRC 和数据完整性检查等功能,相对减少了程序员编程的工作量,而且硬件处理速度一般都快于软件处理速度,因此加快了通信的速度、减少了能量消耗。同时,芯片还采用了 CSMA/CA 技术来避免数据发送时的竞争和冲突,减少了不必要的能量消耗。

在软件平台方面,采用了研究领域使用较多的 TinyOS 系统,它对 CC2420 也有着较好的支持。本实验基于 TinyOS 实现一个物联网节点之间的点到点通信程序。每个节点的程序功能包括:从节点上的光传感器获得传感器数据,然后建立数据包并将其广播出去;同时,当节点收到数据包时,将数据包通过串口传到 PC 上。

为了使实验过程清晰,并且便于理解,实验内容分为 4 个部分:程序框架的建立以及计数器的使用,IEEE 802.15.4 协议点到点通信,串口数据包的发送以及光传感器数据的获取,各主要组件关系如图 7-1 所示。下面对这四部分内容分别进行介绍。

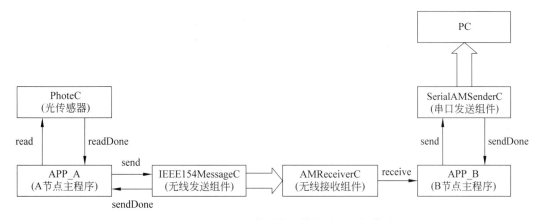

图 7-1　IEEE 802.15.4 点到点通信实验主要组件关系

4. 实验内容

阅读 IEEE 802.15.4 协议,学习协议的运行机制以及协议中各层的数据包格式。

初步掌握 TinyOS 程序设计方法,了解 NesC 的编程过程以及程序结构,能够编写简单的 TinyOS 程序。

对 IOT- NODE24 节点编程、运行过程进行实际的操作,了解物联网前端感知节点的工作机理。

5. 实验步骤

(1) 编写实验代码,启动 Cygwin 环境,在实验代码所在文件夹下使用“make micaz”进行编译。编译通过之后,在实验代码文件夹的“build\micaz”子文件夹下会生成 main. ihex 文件。

(2) 将节点与 PC 相连,并使用 AvrStudio 将第 1 步编译得到的 ihex 分别烧写到 2 个节点中去。

(3) 将其中一个节点与计算机的串口相连。

(4) 启动串口调试助手,设置串口号为与节点连接的串口号,波特率为 57600,校验位 NONE,数据位 8 位,停止位 1 位。另外,为了分析接收到的数据,还需设置十六进制显示以及自动换行。

(5) 先打开未与计算机连接的节点开关,此时节点红色灯闪烁,表明正在广播数据。再打开与计算机连接的节点,绿色灯闪烁表明接收到数据。同时串口调试助手会显示收到的数据包。一个典型的数据包以及各位的含义如表 7-1 所示。

(6) 用手遮住光传感器,观察数据包中 IEEE 802.15.4 MAC 层负载的光传感器数据 (sensorData)位变化情况。

表 7-1　IEEE 802.15.4 点到点通信实验串口数据包格式

串口帧头	7E	同步字
	45	串口数据包类型(无应答)
串口数据包包头	00	表示该数据包为 AM 数据包
	FF FF	串口目的地址
	00 00	串口链路源地址
	14	数据包长度
	00	组 ID
	06	AM 类型
串口负载	00 02	串口数据包序号(seqNo)
	01	节点号(nodeId)
IEEE 802.15.4 MAC 层数据包头(串口负载的一部分)	10	IEEE 802.15.4 MAC 层数据包长度除去本位的长度 1
	41 88	IEEE 802.15.4 帧控制域
	02	数据序列号
	22 00	目的 PAN 的 ID
	FF FF	目的地址
	01 00	源地址
	01	TinyOS 网络 ID
	00	AM 类型
IEEE 802.15.4 MAC 层负载	01	节点号(nodeId)
	00 02	数据包序号(counter)
	03 C8	光传感器数据(sensorData)
串口帧尾	6F D7	CRC 校验码
	7E	同步字

7.2　实验二　ZigBee 协议组网通信实验

1. 实验目的

本实验介绍了使用 IOT-ZBJ 节点实现一个基于 ZigBee 协议的环境检测程序。通过本实验的学习,使得学生了解 ZigBee 协议的基本原理,掌握 IOT-ZBJ 节点的程序设计方法,并能够将二者结合实现一个简单的监测环境的光强度、温湿度的程序。

2. 实验设备

(1) ZigBee 协议实验节点(IOT-ZBJ)　　10 个

（2）PC   1 台

（3）Code：：Blocks 软件

（4）Jennic Flash Programmer 烧写程序软件

（5）iSnamp-J 后台可视化软件

3. 实验原理

本实验实现了一个简单的环境监测程序，即由终端设备定时收集温湿度等环境监测数据，并通过 ZigBee 协议建立网络，将监测数据汇集到协调器。为了对实验有更深入的了解，下面首先介绍 Jennic 提供的 ZigBee 协议栈接口，包括实验中所用到的计时器、传感器数据采集接口、数据的发送以及串口等，然后对如何使用 Jennic 开发环境开发基于 ZigBee 的 IOT-ZBJ 节点应用程序进行简单的说明。

4. 实验内容

阅读 ZigBee 协议，学习协议的运行机制以及协议中各层的数据包格式。

初步掌握 Jennic ZigBee 协议栈的使用方法，能够结合 IOT-ZBJ 节点进行简单的基于 ZigBee 的应用开发。

5. 实验步骤

（1）启动软件 Code：：Blocks，在 C:\Jennic\cygwin\Jennic\SDK\Application 路径下新建文件夹 ZigBeeWSN。在此文件夹中新建工程 WSN_Coordinator. cbp，工程类型选择 ZigBee Coordinator。

（2）在新建工程中的 JN51xx_JZ_Coord. c 文件里编辑代码或直接将此文件从工程中删除，然后在工程中加入 WSN_Coordinator. c、printf. c 和 WSN_Profile. h。然后编译源程序。

（3）目标文件 WSN_Coordinator. bin 生成在目录 C:\Jennic\cygwin\Jennic\SDK\Application\ZigBeeWSN\JN5139_Build\Release 下。

（4）重复上面步骤，将第一步中的工程类型改为 ZigBee Router，新建 WSN_Router. cbp 工程，第二步中只需要加入文件 WSN_Router. c 和 WSN_Profile. h，然后编译，在工程文件 Realse 目录下生成 WSN_Router. bin 文件。

（5）同样的，将第一步中的工程类型改为 ZigBee End Device，新建 WSN_EndDevice. cbp 工程，第二步中只需要加入文件 WSN_EndDevice. c 和 WSN_Profile. h，然后编译，生成 WSN_EndDevice. bin 文件。

（6）将串口线连接到节点，打开 Jennic Flash Programmer 软件，然后给节点上电，下载程序到节点上，不同的设备下载不同的目标程序。注意：烧写程序时，一定要在打开 Jennic Flash Programmer 软件后，才能给节点上电。

（7）关闭 Jennic Flash Programmer 软件，重启节点。先给 Coordinator 节点上电，Coordinator 节点上的 LED1 闪烁，表示发起网络成功。给 Router 节点和 End Device 节点上电，加入网络后，它们的 LED1 闪烁。其中 End Device 节点的 LED1 闪烁一下后熄灭，经过 30 秒后 LED1 再亮一次，如此重复。

（8）打开 IOT-ZBJ 后台软件 iSnamp-J，将串口线连接到 Coordinator 节点，观测传感器数据。

思考题

1. ZigBee 网络的组网方式有几种？
2. ZigBee 网络中存在几种逻辑设备？其功能分别是什么？
3. 根据 IEEE 802.15.4 标准协议，ZigBee 的工作频段是怎样划分的？